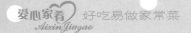
好吃易做的
家常菜

主编 ○ 张云甫　　　编写 ○ 格润生活等

U0219253

青岛出版社
QINGDAO PUBLISHING HOUSE

用爱做好菜 用心烹佳肴

不忘初心，继续前行。

将时间拨回到2002年，青岛出版社"爱心家肴"品牌悄然面世。

在编辑团队的精心打造下，一套采用铜版纸、四色彩印、内容丰富实用的美食书被推向了市场。宛如一枚石子投入了平静的湖面，从一开始激起层层涟漪，到"蝴蝶效应"般兴起惊天骇浪，青岛出版社在美食出版领域的"江湖地位"迅速确立。随着现象级畅销书《新编家常菜谱》在全国摧枯拉朽般热销，青版图书引领美食出版全面进入彩色印刷时代。

市场的积极反馈让我们备受鼓舞，让我们也更加坚定了贴近读者、做读者最想要的美食图书的信念。为读者奉献兼具实用性、欣赏性的图书，成为我们不懈的追求。

时间来到2017年，"爱心家肴"品牌迎来了第十五个年头，"爱心家肴"的内涵和外延也在时光的砥砺中，愈加成熟，愈加壮大。

一方面，"爱心家肴"系列保持着一如既往的高品质；另一方面，在内容、版式上也越来越"接地气"。在内容上，更加注重健康实用；在版式上，努力做到时尚大方；在图片上，要求精益求精；在表述上，更倾向于分步详解、化繁为简，让读者快速上手、步步进阶，缩短您与幸福的距离。

2017年，凝结着我们更多期盼与梦想的"爱心家肴"新鲜出炉了，希望能给您的生活带来温暖和幸福。

2017版的"爱心家肴"系列，共20个品种，分为"好吃易做家常菜""美味新生活""越吃越有味"三个小单元。按菜式、食材等不同维度进行归类，收录的菜品款款色香味俱全，让人有马上动手试一试的冲动。各种烹饪技法一应俱全，能满足全家人对各种口味的需求。

书中绝大部分菜品都配有3~12张步骤图演示，便于您一步一步动手实践。另外，部分菜品配有精致的二维码视频，真正做到好吃不难做。通过这些图文并茂的佳肴，我们想传递一种理念，那就是自己做的美味吃起来更放心，在家里吃到的菜肴让人感觉更温馨。

爱心家肴，用爱做好菜，用心烹佳肴。

由于时间仓促，书中难免存在错讹之处，还请广大读者批评指正。

美食生活工作室

2017年12月于青岛

目录

第一章
轻松下厨
快乐做菜

第二章
素食养身

第三章
荤素搭配
更营养

第四章

每一口都是肉

第五章

海鲜河鲜

本书经典菜肴的视频二维码

爽口果醋藕片

（图文见 33 页）

宫保鸡丁

（图文见 67 页）

生爆盐煎肉

（图文见 77 页）

外婆红烧肉

（图文见 78 页）

啤酒牛肉锅

（图文见 93 页）

五味番鸭

（图文见 105 页）

土豆花肉烧豆角

（图文见 123 页）

富贵红烧肉

（图文见 125 页）

葱拌八带

（图文见 135 页）

家常烧小黄花

（图文见 150 页）

干煎带鱼

（图文见 151 页）

清蒸梭子蟹

（图文见 154 页）

鲜虾白菜

（图文见 159 页）

辣炒花蛤

（图文见 160 页）

第一章

轻松下厨　快乐做菜

常见、常吃的食材您会处理吗？

什么是旺火、中火、小火？

汆烫、断生、爆香、勾芡是怎么一回事？

切丁、切块、切条等，

简单的刀工手法，你一定要了解！

轻轻松松学下厨。

快快乐乐学做菜！

1 烹饪术语入门课

什么是旺火、中火、文火？

旺火就是大火，文火就是小火，而中火就介于两者之间。通常我们家庭用燃气灶的火力是不如专业厨房的，家庭燃气灶的火力为3.2kW~4.5kW。

图1 大火：适合快炒、蒸制菜肴、油炸小块食物等。

图2 中火：适合煲浓汤、炸制大块食物等。

图3 散状小火：适合炖煮、爆香、煎鱼、煎豆腐、炸果仁等。

图4 集中小火：适合炖煮、煲清汤等。

Tips 散状小火可让食物受热均匀，但有时火开太小容易熄灭，不安全。所以，最好用集中小火来炖煮或煲汤。

什么时候用大火？什么时候用中火？什么时候用小火？

炒菜时要用大火，尤其是在炒青菜、海鲜类时，更应大火快炒，以免蔬菜、海鲜出水。蒸制菜肴时也要用大火（面食除外），用大火才能使蒸气充足，让食物快速成熟。煮制食物时先用大火将水烧开，再转小火焖煮。油炸体积较小的食物用大火，才能保持外酥内嫩的口感。

油炸体积较大的食物用中火，才能把食物内部炸熟。煮浓汤时用中火，才能煮出奶白色的汤。

焖煮食物时用小火，小火会让食物慢慢入味，又不至于让水分快速流失。炖清汤时用小火，只有小火才能让食材不散烂且能将味道慢慢溶入汤中。煎制食物时用小火，可以把食物内部煎熟、外部煎酥脆。炸果仁，如花生、腰果等时，用小火、冷油才能将果仁内部炸熟而不至于炸焦。

烹制煎炸类菜肴时，如何把握火候？

炸小块肉类食材时，如斩成小件的排骨，用大火迅速炸至排骨表面金黄即可。

炸大块食材时，如斩成大件的排骨，先用中火炸熟，再转大火炸至表面金黄，若自始至终只用大火，则容易炸至表面变焦而内部未熟。

炸鱼时不宜久炸,只需把鱼身表面炸至两面金黄即可。炸的时间太长,鱼肉就会变得干硬,口感不好。

【示例】炸排骨:

1. 锅内倒入600毫升植物油,用中火烧至170℃,放入腌好的排骨。(图1)

2. 转大火一边炸一边用网筛翻动,将排骨炸至表面金黄酥脆,捞起沥油。(图2)

3. 将炸过排骨的油过滤入不锈钢饭盒内,密封好,可保存2~3个月。煎炸过带鱼等腥味重的食材的油,就没有必要再回收了。(图3)

如何判断油温?

锅入油烧热,取一根竹筷子或木筷子做测试,不要用金属筷子或陶瓷筷子。

120~140℃(三四成热)
油表面平静,不冒烟。将筷子放入油锅内,筷子周围基本不起泡。

150~160℃(五六成热)
油从四周往中间翻动,微冒青烟。将筷子放入油锅内,筷子周围起轻微小泡。

160~180℃(七八成热)
油面较平静,冒出大量青烟。将筷子放入油锅内,筷子周围立刻起大量的油泡。这时就可以投入食品进行炸制了。

> Tips
>
> 也可用面糊(或肉丝)进行测试。锅入油烧热,先取一小块面糊(肉丝)投入油锅。如果面糊(肉丝)沉入锅底,说明油温不够热;如果面糊(肉丝)马上浮至油面并在周围起大量的油泡,说明温度已够,此时可投入食品开始炸制了;如果面糊(肉丝)马上变糊了,说明油温过高,要熄火把油温降到合适的温度,再投入食材进行炸制。

炸制食物时需要多少油?

炸制食物时,饭店里通常都会使用大量的油,以将食材淹没为准,这样就很容易将食物炸熟。为了省油,我们可以采用少量油、分次炸的方法:将油锅倾斜至油可以淹没过食材,分次少量地加入要炸的食材进行炸制。

什么叫腌制?

腌制是指将新鲜肉类或鱼类用盐、酱油、糖、玉米淀粉、色拉油、清水等调料拌匀,静置20~60分钟或更长时间,使食材充分吸收调料味。腌制的时间越长,食材入味的效果越佳。在夏季,如腌制时间超过30分钟,请移入冰箱冷藏腌制,以防变质。

【示例】腌制鸡肉:

1.将切成小块的鸡肉放入碗内,调入盐、生抽、糖、玉米淀粉、色拉油,倒入清水。

2.用筷子搅拌均匀,放置20分钟即完成腌制。

什么叫汆烫?

汆烫是指将生的食材放入开水或冷水锅中,煮3~20分钟,取出食材后冲洗干净,放在盛器中,等待做下一步加工。汆烫用过的水丢弃不用。

【示例】汆烫猪脊骨:

锅入水烧开,放入脊骨,煮至脊骨由红色变为白色、水上浮起一层泡沫。捞起脊骨,冲洗净浮沫即完成汆烫(图1)。

【示例】汆烫西蓝花:

锅内放入清水,调入少量盐、植物油,大火烧开,放入西蓝花汆烫1~2分钟,捞起西蓝花,投入冷水中浸泡片刻即完成汆烫(图2)。

为什么要汆烫?

一些纤维较粗或不易成熟的蔬菜,如芥蓝、油菜、西蓝花、豌豆等,需要先经汆烫,才能再做凉拌或炒制,这样食材才不至于表面被炒得过老而内里未熟。生肉、骨头尽管经过反复冲洗,也只能去除表面的血迹,而内部(特别是骨头)的血仍然存在,只有经过汆烫才能煮出血水,去除腥味。一些海产品,如鱿鱼、八爪鱼等,也需先经汆烫才可去除水分及腥味,否则在炒制时会严重出水。

汆烫时用冷水还是热水? 汆烫的时间要多长?

汆烫蔬菜用开水, 是为了保持蔬菜的营养成分不流失。汆烫时间不宜过长, 将蔬菜放入开水中, 待水再次沸腾即可。为保持蔬菜翠绿的颜色, 可在水中加少量盐及色拉油。

用小块肉做菜时, 如做红烧肉, 为了保持肉块的鲜味, 用沸水汆烫3分钟即可捞起; 用一整块肉做菜时, 如做东坡肉, 为了使肉块的内部能煮透, 要用冷水下锅汆; 猪大骨因十分粗大, 骨头内会藏有很多血水, 因此也需要冷水下锅汆, 下锅后会逐渐看到血水沥出, 要煮到看不到血水为止; 猪脚若切成小块可用开水汆烫, 若切成大块就要用冷水汆烫。若食材不是十分新鲜, 为了给食材去腥, 则一定要用冷水下锅汆烫, 并在水中加入姜片、香葱。

什么叫断生?

断生是指将食材预热处理至刚熟即可, 再烹调下去食材就会过于软烂而失去爽脆的口感。判断食物是否达到断生程度, 通常是看食物的颜色是否发生了变化: 如瘦肉的色泽由红色转为白色, 青菜的色泽由浅色转为深色, 均表示食材已断生。

什么叫爆香?

爆香是指锅内先放少量油, 不待油烧热, 就将葱白段、洋葱、蒜头、生姜、辣椒等辛香料放入锅内炒至出香味。另外, 如香菇、海米、水发鱿鱼等干货、海产品也需经过爆香, 才能炒出它们本身的香味。花椒、八角、桂皮、干辣椒等香辛料也需经过爆香, 才能使香气更浓。

Tips 爆香时要注意, 爆香要使用低油温、中小火, 这样才能炒出香味, 又不至于炒糊。如果油温过高, 食材一放下去表面就焦糊了, 但内里的香味却未炒出来。

【示例】爆香红椒、生姜、大蒜:
锅内放入油, 不待烧热, 放入红椒、生姜、大蒜, 用中小火炒至香味逸出。

【示例】爆香香菇、水发鱿鱼丝:
锅内放入油, 不待烧热, 放入水发鱿鱼丝和香菇丝, 用中小火炒至香味逸出。

什么叫上汽？

上汽是指先将锅内注入凉水，再放入要蒸制的食材（或等水开后再放入食材），加盖，大火烧开后会有大量水蒸气出来，利用水蒸气的温度使食物成熟的一种烹饪方法。蒸制菜肴时，水开后再放上菜肴，中途不要开盖。特殊情况，如蒸制馒头等面食时，则要根据需要用冷水或温水开始蒸制，蒸好后也要等几分钟再开盖。

什么叫勾芡？

勾芡就是在菜肴或汤汁接近成熟时，将调匀的淀粉汁淋在菜肴上或汤汁中，使汤稠浓。勾芡用的淀粉汁常选用玉米淀粉或土豆淀粉，加水配比调和而成。多用于炒、烧类菜肴。

勾浓芡：玉米淀粉和清水的比例是1∶3。
勾薄芡：玉米淀粉和清水的比例是1∶4。

Tips
提前调配好的淀粉汁在勾芡时会有沉淀现象，往锅里倒入时要重新搅拌一下。不要一次全倒入，要一点点地加，直到菜肴汤汁的浓稠度合适为止。

烹调时，什么时候放调料？

初学厨艺时，放盐、生抽等调料时不要一次全加入，而要少量分次地加入，然后炒拌均匀。盐、生抽等放入后要先夹出一些食材尝一下，再决定是否要继续加，否则做出来的菜太咸就很难补救了。要注意的是，大多数现成的酱料，如豆瓣酱、黄豆酱、黄酱、甜面酱、柱侯酱等，都含有盐，在使用这些调料做菜时，尽量不要再放盐或少放盐，以免过咸。

炒青菜时要最后放盐，过早放盐会造成青菜水分和水溶性营养素的流失。

炖鸡时如果过早放盐，会直接影响到肉和汤的口味，还不利于营养素的保存。

煲汤时也不要过早放盐，过早放盐会加速肉内水分的流失，也会加快蛋白质的凝固，影响汤的鲜味，要等到煲好后再加盐、鸡精等其他调料。

做红烧及焖煮菜时，要提早放调料，然后用小火焖制，这样味道才会慢慢进入食材内。

陈醋、香油要在炒完菜临出锅时放，否则香气容易散失，影响效果。

烹调时使用酱料，如黄酱、甜面酱、柱侯酱等，先将酱料炒一下会更香。炒时加点砂糖、酒，做出来的菜味道会更好。

本书所用调料用量换算表

本书调料用量是用如图这套量匙来称量的，称量时以平平一勺为准。建议您在开始学厨时，购买一套这样的量勺，调味精准才会做出味道合适的菜肴。量勺在超市和淘宝店都可以购买到，价格8~10元不等。

量杯	
1.1/4杯	60毫升
2.1/3杯	80毫升
3.1/2杯	125毫升
4.1杯	250毫升
量勺	
5.1/4小勺	1.25毫升
6.1/2小勺	2.5毫升
7.1小勺	5毫升
8.1/2大勺	7.5毫升
9.1大勺	15毫升

常用调料计量换算表

干性材料		
细　盐	1小勺=5克	
细砂糖	1小勺=4克	1大勺=12克
鸡　精	1小勺=5克	
玉米淀粉	1大勺=12克	
中筋面粉	1小勺=2.4克	1大勺=7克

液体材料	
清　水	1大勺=15毫升=15克
	1杯=250毫升
生　抽	1大勺=15毫升=15克
色拉油	1大勺=15毫升=14克
蜂　蜜	1大勺=21克

2 简单刀工

切丁（以黄瓜为例）

切去黄瓜两头的尖端，这个部位会有些苦味。

将黄瓜横切成长段。

再纵剖成4长条。

将切好的长条用手收拢，横切成丁状即可。

切菱形片（以黄瓜为例）

先将黄瓜平整的一面斜切一刀。（切下的这块不用，可以吃掉）

再顺着斜刀的位置，间隔两指宽斜切一刀，切下来是个斜的圆柱状。

将圆柱状立放在案板上，顺着宽的一面切薄片，即成菱形片。

切丝（以黄瓜为例）

先斜刀将黄瓜的尾部切除。

顺着切口斜切成薄片，刀倾斜角度越大则切面越长，切出的丝也越长。

切好3~5片后将薄片堆叠在一起，切成丝状即可。

切半圆片（以黄瓜为例）

1.将切成长段的黄瓜对半切开，再斜切一刀，去掉边角。
2.顺着斜边切薄片即可。

切滚刀块（以黄瓜为例）

将黄瓜斜切下一小块。使黄瓜一头呈尖角状。

将黄瓜滚动一下，再斜切下尖角部分。如此反复，滚动一次就切一次，切下的不规则块就叫滚刀块。

切条（以胡萝卜为例）

胡萝卜切成长段，先在侧边横切下一小片。（因为圆柱体容易打滑，切出一个平面后可以立得平稳）

将切出的平面朝下放平，再横向切成薄片。

将切好的薄片每3~5片一组堆叠起来，再横向切成条状即可。

西蓝花（菜花）的切分法

西蓝花不要从花朵顶部切，正确的方法是从根茎部开始切，每一小朵都有一个枝节，顺着枝节割下每一小朵花。如果觉得分割下的小花朵还是大了，那从小花朵根茎部再分割开即可。

快速切洋葱碎

先将洋葱对半剖开。

将其中一半先横切成片状（不要切断），不要把洋葱散开。

将洋葱整个调转90°，再纵切下去，洋葱碎就切好了。

辣椒的处理方法

将辣椒蒂部切除。

用菜刀从辣椒中间横向剖开。

剖开的辣椒用刀轻拍，使辣椒变得扁平。

菜刀平放，将辣椒籽及辣椒蕊割除。

将辣椒横向切丝。

如要切块，则将辣椒纵向对切开。

切去头、尾和边角，再斜切成菱形块即可。

切出美丽的葱花（1）

取香葱，择洗净。

选葱叶粗的部分切段。

用剪刀将葱叶剪成5份。

放入凉水中浸泡1分钟，就会翻卷成美丽的花朵了。

切出美丽的葱花（2）

取葱白和红尖椒，葱白切段。

红尖椒切小圈，用竹签将尖椒圈里的籽去除。

将尖椒圈套在葱白上。

用竹签将葱白划开成细丝，放入凉水中浸泡1分钟即可。

切出美丽的葱花（3）

取2根葱叶。

用刀剖开成片状。

将葱片切成细细的丝。

放入凉水中浸泡1分钟，就会翻卷成美丽的葱花了。

14

第二章

素食养身

食素者自我感觉往往很清爽，似乎人也变得更聪明了。
这可不是心理暗示的结果，而是有科学根据的哦！

谷类、豆类以及蔬菜等素食是谷氨酸和B族维生素的"富矿"，
一日三餐从"富矿"里汲取能量，
可以增强人的判断力和专注力。

五香卤豆腐

色泽红亮，味道咸鲜，五香味浓。

制作时间
45 分钟

难易度
★★

用料

卤水豆腐	500克
姜片	10克
白糖	1大勺
酱油	2大勺
料酒	2/3大勺
盐	2/3大勺
五香粉	1小勺
胡椒粉	1/3小勺
骨头汤	4杯
香油	1小勺
色拉油	1杯

做法

① 豆腐块放入蒸锅中蒸20分钟，至出现蜂窝眼时取出，放入凉水中浸凉，沥干水，切成约0.5厘米厚的片。

② 炒锅内倒入2大勺色拉油烧热，下入姜片炒出香味，倒入碗内，加骨头汤，再加入酱油、白糖、料酒、盐、五香粉和胡椒粉调好色味，煮沸，制成五香卤汁，备用。

③ 锅内倒入色拉油烧至六成热，下入豆腐片炸成金黄色，捞出沥干油分。

④ 将豆腐片放入煮沸的五香卤汁中卤透入味，离火原汤浸凉。

⑤ 取出装盘，淋香油即成。

香辣豆干丝

质感软嫩，香辣开胃。

制作时间
10分钟

难易度
★

用料

白豆腐干	250克
莴笋丝	50克
蒜蓉	2/3大勺
熟芝麻	1小勺
熟花生碎	1小勺
辣椒油	1大勺
白糖	1小勺
酱油	1小勺
盐	2/3小勺
香油	1小勺

做法

① 将白豆腐干用平刀片成两半，再切成丝，放入沸水中略 汆，捞出过凉，挤干水。

② 将白糖和1/3小勺盐放入小碗内，加入酱油调匀，再加入香 油和辣椒油调匀，最后加入蒜蓉、熟芝麻和熟花生碎，调 匀成香辣汁。

③ 将莴笋丝和剩余盐拌匀，腌制3分钟，沥干汁水，与白豆 腐干丝拌匀，堆在盘中。

④ 淋香辣汁即成。

贴心提示

· 白豆腐干改刀后用沸水略汆，可以去除豆腥。

三美豆腐

制作时间 25分钟

难易度 ★★

汤汁乳白，豆腐软滑，白菜软烂。

用料

豆腐	250克
白菜心	200克
葱花	1小勺
姜末	1/2小勺
蒜末	1/2小勺
料酒	1小勺
盐	1小勺
奶汤	2杯
熟鸡油	1小勺
色拉油	1大勺

名菜由来

泰山脚下的泰安市有一句民间谚语："泰安有三美，白菜、豆腐和水（泰山泉水）。"用这三样东西做成的"三美豆腐"是当地名菜，清淡养人。

做法

① 豆腐放入蒸锅中蒸10分钟，取出沥干水。

② 将豆腐切成约0.5厘米厚的大三角片。

③ 白菜心用手撕成不规则的块。

④ 将豆腐片和白菜心放入沸水中汆透，捞出沥干水。

⑤ 锅置火上，倒入色拉油烧热，下入姜末、葱花和蒜末炸黄，加水，放入白菜心和豆腐稍煮。

⑥ 再加入奶汤、盐和料酒调味，煮沸后撇去浮沫。

⑦ 煮入味后淋熟鸡油，盛入汤盆内即成。

贴心提示

· 豆腐蒸制后既能去除豆腥又不易破碎。

· 如喜欢清淡的味道，可将奶汤换成山泉水。

金菇豆芽拌豆干

脆嫩爽口，味道鲜美。

制作时间
10分钟

难易度
★

用料

黄豆芽150克，金针菇100克，豆腐干50克，青蒜10克，盐1小勺，香油1小勺

做法

① 黄豆芽和金针菇洗净，放入沸水中氽透，捞出后用纯净水过凉，沥干水分。

② 豆腐干切丝；青蒜择洗干净，切丝。

③ 将黄豆芽、金针菇和豆腐干丝一起放入大盆内。

④ 加入青蒜丝、盐和香油，拌匀即成。

贴心提示

· 青蒜即蒜苗，如果是在不见光的环境下种植，则会长成叶子呈嫩黄色的蒜黄。

鱼香豆腐皮

色泽红亮，鲜香味浓。

制作时间
15分钟

难易度
★★

用料

鲜豆腐皮200克，胡萝卜30克，水发木耳30克，大蒜10克，生姜8克，大葱5克，泡椒20克，白糖1大勺，酱油1大勺，醋2/3大勺，盐1/3小勺，干淀粉1小勺，鲜汤1/3杯，香油1/2小勺，色拉油3大勺

做法

① 将鲜豆腐皮切成约8厘米长、0.5厘米宽的丝。

② 水发木耳择洗干净，同胡萝卜分别切丝；大葱、生姜、大蒜分别切末；泡椒去蒂，剁成细蓉。

③ 将盐、白糖、酱油、醋、干淀粉和鲜汤在碗内调匀，制成鱼香芡汁。

④ 豆腐皮丝汆烫后沥干水分。

⑤ 锅置火上，倒入色拉油烧热，放入姜末、蒜末和泡椒蓉炒出红油，下入胡萝卜丝和木耳丝略炒。

⑥ 倒入豆腐皮丝和鱼香芡汁，快速翻炒均匀，淋香油，撒入葱末，出锅装盘即成。

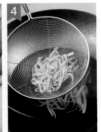

香卤腐竹

色泽鲜亮，质感筋道，味美咸香。

用料

干腐竹	150克
葱段	10克
姜片	10克
五香粉	1小勺
酱油	2/3大勺
盐	1小勺
香油	1大勺

做法

① 将干腐竹放入盆内，倒入适量凉水泡透至无硬心，用清水反复漂洗几次，捞出，挤干水分。

② 将葱段、姜片和五香粉放入小盆内，倒入开水，加入酱油和盐调好色味，制成五香卤汁。

③ 汤锅置火上，倒入五香卤汁煮沸，放入腐竹，用小火卤入味。

④ 捞出沥干卤汁，刷上香油，改刀装盘即成。

贴心提示

· 泡发腐竹时，腐竹浮在水面上，会有些地方泡不到，可在其上面压个重物，让腐竹全部泡在水中。

腌花生仁腐竹

咸香，爽口，香脆。

制作时间
20分钟

难易度
★★

用料

水发腐竹	300克
油炸花生仁	50克
海米	25克
白芝麻	1大勺
蒜末	1大勺
姜末	2/3大勺
盐	1小勺
香油	1小勺
色拉油	2大勺

做法

① 将水发腐竹挤干水分，切成约1厘米长的小节。

② 油炸花生仁压成碎末；海米泡软，切碎末。

③ 锅置火上，倒入色拉油烧热，下入海米末、蒜末和姜末炒香，再放入盐和白芝麻略炒，制成海米油汁盛出。

④ 锅重置火上，放入腐竹小节炒干水汽，倒入小盆内，趁热加入海米油汁和油炸花生末，淋香油，拌匀晾凉。

⑤ 盖上盖子，腌制1天即成。

贴心提示

· 腐竹最好用凉水泡发，泡好后的腐竹外观整齐美观；如用热水泡，则腐竹易碎。

鲜蘑烧腐竹

色泽素雅，软嫩清香。

制作时间
15 分钟

难易度
★★

用料

水发腐竹	300克
鲜蘑菇	150克
鲜青豆、胡萝卜	各20克
葱花、蒜末	各1小勺
料酒	2/3大勺
水淀粉	1大勺
盐	1小勺
鲜汤	1/2杯
香油	1小勺
色拉油	2大勺

做法

① 将水发腐竹斜刀切成约4厘米长的段。胡萝卜洗净，切成小丁。

② 鲜蘑菇洗净，切成厚片，和腐竹段一起放入沸水锅内氽透，捞出沥干水分。

③ 炒锅置火上，倒入色拉油烧热，爆香葱花和蒜末，烹料酒，加鲜汤，加入盐调味，放入腐竹段、鲜蘑菇片和鲜青豆，用中火烧透入味。

④ 用水淀粉勾芡，淋香油，颠匀装盘即成。

贴心提示

· 鲜蘑菇要用淡盐水漂洗，这样较易去净污物。

冰镇芥蓝

油绿清脆，冰凉爽口。

制作时间
25 分钟

难易度
★

用料

芥蓝	200克
日式酱油	3大勺
芥末膏	2小勺
盐	2/3小勺
香油	1小勺
色拉油	1小勺

做法

① 将芥蓝洗净，用刀从梗叶处对半切开。

② 取适量冰块和纯净水放入一盆内。

③ 将日式酱油、1/3小勺盐和芥末膏调匀，成蘸汁。

④ 锅内倒入清水置旺火上煮沸，加入剩余的盐和色拉油，投入芥蓝汆至断生，捞出沥干水分。

⑤ 将芥蓝放入冰水中浸泡至凉透，捞出攥干水分，加入香油拌匀。

⑥ 取平盘，先铺上一层冰块，上面整齐地码上芥蓝，随调好的蘸汁上桌蘸食即成。

蒜蓉麻酱凤尾

莴笋脆爽，香鲜微辣。

制作时间
15分钟

难易度
★

用料

用料	
莴笋尖	8根
大蒜	10克
熟芝麻	1小勺
芝麻酱	1大勺
红醋	1大勺
香辣酱	2小勺
辣椒油	2小勺
香油	1小勺
盐	1/2小勺

做法

① 大蒜洗净，捣烂成细蓉。

② 香辣酱放在砧板上，用刀剁细。

③ 芝麻酱盛入碗内，分次加入1/2大勺清水，搅拌成稠糊状，再加入蒜蓉、香辣酱、盐、辣椒油、红醋和香油调匀，成蒜蓉麻酱汁。

④ 将莴笋尖用小刀削去外皮，顺长切成筷子粗的条状，投入沸水锅内略汆，捞出放入纯净水中过凉，沥干水分，整齐地摆入盘中。

⑤ 淋蒜蓉麻酱汁，撒熟芝麻即成。

珊瑚卷心菜

色泽艳丽，犹如珊瑚，清爽可口。

制作时间
15分钟

难易度
★★

用料

卷心菜	500克
胡萝卜	50克
鲜生姜	25克
干辣椒	5根
白糖	2大勺
苹果醋	1大勺
盐	1小勺
香油	1小勺

做法

① 卷心菜切去根和老叶，洗净后撕成不规则的块状，放入沸水锅内略氽，捞出过凉，沥干水分。

② 胡萝卜和鲜生姜分别刨皮洗净，切丝；干辣椒用剪刀剪成丝。

③ 净锅置火上，倒入香油烧热，投入姜丝和干辣椒丝爆香，加入胡萝卜丝炒透。

④ 随即倒入适量清水、白糖和盐，待熬至汤汁发黏时，起锅倒在小盆内，制成味汁。

⑤ 待味汁晾凉，加入苹果醋调成酸甜味。

⑥ 放入卷心菜块，压上重物，待腌制入味后装盘即成。

粉丝炒卷心菜

口感清爽，色泽诱人。

制作时间
20 分钟

难易度
★★

用料

卷心菜	400克
干粉丝	1小把
胡萝卜	25克
姜丝	1小勺
盐	1小勺
香油	1/2小勺
色拉油	2大勺

做法

① 卷心菜洗净，切成筷子粗细的条；胡萝卜洗净，切丝。

② 干粉丝用凉水泡软，剪成小段，沥干水分。

③ 炒锅置火上，烧热，倒入1大勺色拉油，加入姜丝爆香，放入卷心菜条以旺火炒至五成熟时，加入1/2小勺盐炒匀，盛出。

④ 炒锅重置火上，倒入剩余色拉油烧热，下胡萝卜丝炒香。

⑤ 再倒入卷心菜条和粉丝，边炒边调入剩余的盐，炒熟后淋香油。

⑥ 出锅装盘即成。

贴心提示

· 粉丝若用来炒制，应凉水泡发；若用来凉拌，则可用温水泡发。

虾皮西葫芦炒蛋

入口脆嫩，味道咸香。

制作时间
20分钟

难易度
★★

用料

用料	
鸡蛋	3个
西葫芦	200克
虾皮	1大勺
蒜片、葱花	各1小勺
香醋	1小勺
盐	2/3小勺
色拉油	2大勺

做法

① 西葫芦洗净，纵切成四条，再横切成薄片。

② 虾皮用热水泡软，捞出挤干水，待用。

③ 鸡蛋打入碗内，加入1/3小勺盐，用筷子充分搅散。

④ 锅置火上，倒入色拉油烧热，倒入鸡蛋液炒熟并捣成碎块，盛出。

⑤ 锅重置火上，倒入色拉油烧热，放入蒜片和葱花爆香，下入虾皮炒干水分，再下入西葫芦片，烹香醋。

⑥ 翻炒至断生，加入剩余盐炒匀，再倒入鸡蛋炒匀即成。

贴心提示

· 虾皮起增鲜作用，需先用热底油煸香，去除腥味。

桂花糯米藕

制作时间
60分钟

难易度
★★

外红内白，酥糯香甜。

用料

莲藕	1节
糯米	1/2杯
冰糖	2大勺
糖桂花	2小勺
红曲米	1小勺

做法

① 糯米淘洗干净，用清水浸泡12小时。

② 莲藕洗净去皮，从离藕节约3厘米处切开，用清水反复洗净藕孔，控干。

③ 将泡好的糯米灌入藕孔内。

④ 盖上切下来的藕节，用牙签固定好。

⑤ 不锈钢汤锅置火上，添入适量清水烧开，放入藕节，加入冰糖和1小勺糖桂花，加入红曲米，大火烧开，小火煮约40分钟，熄火晾凉。

⑥ 捞出藕节，切片装盘，淋上剩余的糖桂花即成。

贴心提示

· 这道菜中放入糖桂花可谓点睛之笔，缺少则会让整道菜黯然失色。糖桂花在大型超市或网店都可以买到，其香气浓郁，用途很多，做汤圆、甜汤、甜粥、糕点等时都可以放一点提味。

酸甜麻辣藕片

藕片清脆，酸甜麻辣。

制作时间
15 分钟

难易度
★★

用料

藕	400克
葱花	1小勺
白糖、白醋	各1大勺
干辣椒节	2/3大勺
花椒	3/5小勺
盐	1小勺
香油	1小勺
色拉油	1大勺

做法

① 藕洗净去皮，切成约0.3厘米厚的片。

② 投入沸水锅内汆透，捞出放入凉水中过凉，沥干水分。

③ 炒锅置火上，倒入色拉油烧热，先下入葱花、花椒和干辣椒节炸酥，再下入藕片炒干水分。

④ 加入白糖、白醋和盐炒匀入味。

⑤ 翻匀起锅装盘即成。

贴心提示

· 烹饪藕时忌用铁器，以免引起食物发黑。

爽口果醋藕片

清脆爽口，果醋味浓。

制作时间
8分钟

难易度
★

用料

脆藕	1节
枸杞	20粒
纯净水	适量
苹果醋	200毫升

做法

① 脆藕削皮后切成均匀薄片，用清水浸泡。锅中烧开水，放入藕片汆烫2分钟。

② 将藕片捞起后浸入冰水，冰镇待用。

③ 容器中倒入苹果醋。

④ 再加入适量纯净水，搅匀。

⑤ 放入藕片，盖上容器，入冰箱冷藏2小时。

⑥ 等待的过程中将枸杞洗净、泡软，吃之前装饰在藕片上即可。

贴心提示

· 脆藕汆烫的时间不要太久，否则就会失去爽脆的口感。

麻辣泡黄瓜

口感清脆，味道麻辣。

制作时间 15分钟　　难易度 ★

用料

黄瓜	500克
盐	2大勺
生姜	5片
干辣椒	100克
麻椒	2小勺

做法

① 黄瓜洗净，切成筷子粗的条；干辣椒洗净，晾干。

② 黄瓜条加入1小勺盐拌匀，腌制5分钟，沥干水分。

③ 锅置火上，倒入适量的矿泉水，调入剩下的盐、麻椒、姜片和干辣椒煮至出味。

④ 倒入泡菜坛内，凉透后放入黄瓜条。

⑤ 盖上盖子，封严口，黄瓜浸泡2天便能入味，捞出食用即成。

贴心提示

· 要选用体形较小、粗细均匀的黄瓜。

· 把麻辣味煮出来再泡制，味道较好。

油焖辣竹笋

清香四溢，脆嫩爽口。

制作时间 40分钟　　难易度 ★★

用料

用料	
鲜春笋	750克
葱白	5克
干辣椒	1大勺
辣椒油、酱油	各1小勺
盐、白糖	各1小勺
色拉油	2大勺

做法

① 将鲜春笋剥去外壳，除去质老的部分，用刀拍松，切成段或滚刀块。干辣椒去蒂，切短节；葱白切成葱花。

② 不锈钢锅置火上，倒入适量清水，放入春笋块，旺火煮沸后转小火煮半小时，捞出沥干水分。

③ 锅置火上，烧热，再倒入色拉油烧热，投入葱花和干辣椒节爆香，倒入春笋块炒透。

④ 加入适量开水，调入酱油、盐和白糖，盖上锅盖，以中火焖烧入味。

⑤ 转旺火收浓汁，淋辣椒油，翻匀起锅装盘即成。

拔丝土豆

金丝缕缕，外脆内绵，清甜可口。

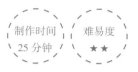

制作时间 25 分钟　难易度 ★★

用料

土豆	400克
白糖	1/2杯
色拉油	1杯

做法

① 土豆洗净，削去外皮，切成滚刀块，用清水洗几遍，沥干水分。

② 炒锅置火上，倒入色拉油烧至五六成热，投入土豆块浸炸至色泽金黄、熟透，倒入漏勺内沥干油分。

③ 炒锅重置火上，转小火，放入白糖和3大勺清水，用手勺不停推炒至白糖化开，白色大泡沫消失后，中间又泛起些许淡黄色小鱼眼泡。

④ 倒入炸好的土豆块翻拌，裹匀糖浆。

⑤ 出锅，装入事先抹油的盘中，随一碗凉开水上桌蘸食即成。

贴心提示

· 熬糖浆时切忌火旺，否则来不及出丝就会炒煳。

酥炸豆角

酥脆，咸香，微辣。

制作时间 20分钟

难易度 ★★

用料

豆角	200克
青尖椒	1根
香菜	10克
蒜瓣	5克
鸡蛋清	2个
面粉、干淀粉	各1大勺
盐	1/2小勺
辣椒粉	1/3小勺
色拉油	1杯

做法

① 将豆角摘去两头及筋，入沸水中余至五成熟，捞出沥水，趁热加盐拌匀至入味，加入1/2大勺面粉拌匀，备用。

② 将青尖椒、香菜和蒜瓣分别洗净，合在一起，剁成细末。

③ 鸡蛋清放入碗内，用筷子顺一个方向搅打至起泡，加入干淀粉、剩余面粉、1大勺色拉油和1/5小勺盐调匀成酥糊，待用。

④ 净锅置火上，倒入色拉油烧至五成热时，将拌匀面粉的豆角挂匀酥糊，下入油锅中炸至金黄酥脆，滗去余油。

⑤ 锅留底油烧热，下入豆角，边翻炒边加入步骤2中的细末和辣椒粉，翻匀后出锅装盘。

三色番茄盅

形态优美，清凉酸甜。

制作时间
15 分钟

难易度
★

用料

番茄	3个
红腰豆	50克
黄瓜	50克
熟鸡蛋	1个
番茄酱	2大勺
奶酪	1大勺

做法

① 红腰豆用清水泡发，煮熟后沥干水分。

② 番茄洗净，拦腰切开，用小勺挖出内瓤，呈盅状。

③ 番茄瓤切成小方丁；熟鸡蛋剥壳，同洗净的黄瓜分别切成小丁。

④ 将奶酪和番茄酱放入碗中，调匀成稀稠适度的酱汁。

⑤ 将番茄丁、红腰豆、黄瓜丁和鸡蛋丁放入番茄盅内。

⑥ 淋上调好的酱汁即成。

贴心提示

· 红腰豆泡透后再煮，口感更好。

· 鸡蛋煮制时间不要过长，否则蛋黄会发灰。

爽口金针菇

酸香，爽口。

制作时间
22分钟

难易度
★

用料

鲜金针菇	250克
青柿椒、红柿椒	各25克
胡萝卜	25克
泡山椒水	1/2杯
泡山椒	20克
盐	1/2小勺
白糖	1/3小勺
色拉油	1小勺

做法

① 鲜金针菇去根洗净，对半切开；青柿椒、红柿椒和胡萝卜分别洗净，切成丝。

② 用泡山椒水、泡山椒、盐和白糖调成山椒味汁。

③ 汤锅置火上，倒入清水和色拉油煮沸，投入金针菇、青柿椒丝、红柿椒丝和胡萝卜丝略汆。

④ 捞出放入纯净水中冷却，再捞出，挤干水分。

⑤ 放入山椒味汁中浸泡10分钟至入味，捞出装盘，上桌即成。

贴心提示

· 优质金针菇鲜品以未开伞、鲜嫩、菌柄长约15厘米左右，且均匀整齐、无褐根、根部少粘连者为佳。

干煸牛蒡杏鲍菇

干香，麻辣。

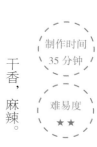

制作时间
35 分钟

难易度
★★

用料

牛蒡400克，杏鲍菇1块，榨菜25克，姜丝1小勺，蒜片1小勺，干朝天椒20克，花椒3/5小勺，料酒1小勺，盐2/3小勺，辣椒油2小勺，色拉油1/2杯

做法

① 将牛蒡外皮刮洗干净，改刀成约4厘米长、小指粗的条；榨菜切丝；杏鲍菇洗净，切成粗丝。

② 将牛蒡条放入清水中浸泡20分钟，捞出沥干水分。

③ 炒锅置火上，倒入色拉油烧至五成热，放入牛蒡条略炸后捞出，待油温升至六七成热，再下入复炸至呈金黄色捞出。

④ 再下入杏鲍菇条稍炸，捞出沥干油分。

⑤ 原锅随底油重置火上，下入干朝天椒、姜丝、蒜片和花椒爆香，投入牛蒡条、榨菜丝和杏鲍菇丝，以小火煸炒。

⑥ 烹料酒，加入盐和辣椒油调味，装盘即成。

口蘑锅巴

色泽红亮，酸甜酥脆。

制作时间 17分钟　难易度 ★★

用料

清水口蘑1罐，锅巴100克，蒜末1小勺，白糖3大勺，香醋2大勺，番茄酱2大勺，水淀粉1大勺，盐2/3小勺，香油1小勺，色拉油1杯

做法

① 将清水口蘑切成薄片，放入沸水中汆熟，捞出沥干水分。

② 将锅巴用手掰成约3厘米见方的块。

③ 炒锅置火上，倒入色拉油烧至三四成热，放入锅巴炸至呈金黄色蓬松状，捞出沥干油分，堆在盘中。

④ 原锅随底油重置火上，下入蒜末爆香，放入番茄酱炒透。

⑤ 加入口蘑片，加入清水，煮沸后加入白糖、香醋和盐调好酸甜味，用水淀粉勾芡，淋香油。

⑥ 搅匀后倒在盘中锅巴上即成。

藤椒香菇

菇滑，椒香，油亮。

制作时间
15分钟

难易度
★

用料

鲜香菇	200克
鲜青椒、鲜红椒	各50克
盐	1小勺
藤椒油	1小勺
青花椒	2小勺
色拉油	2大勺

做法

① 鲜香菇洗净去蒂，投入沸水锅内煮透，捞出放入凉水中冷却，攥干水分后切成筷子粗的条；鲜青椒、鲜红椒洗净，切成小条。

② 香菇条同鲜青椒条、鲜红椒条一起加入盐拌匀，腌制5分钟，捞出挤干水分。

③ 锅置火上，倒入色拉油和藤椒油烧热，放入青花椒炒香。

④ 起锅倒在香菇条和鲜青椒条、鲜红椒条上，拌匀，装盘上桌即成。

贴心提示

· 此菜也可用泡发的干香菇，从味道上来说干香菇比鲜香菇更香，口感也更好。

翡翠鸡腿菇

脆嫩爽口，开胃下饭。

制作时间
20分钟

难易度
★★

用料

鸡腿菇	250克
去皮莴笋	100克
胡萝卜	50克
香菜	10克
蒜末、姜末	各1小勺
红小米椒	5根
盐	2/3小勺
白糖	1小勺
胡椒粉	1/2小勺
香油	2小勺
色拉油	2大勺

做法

① 鸡腿菇洗净，斜刀切成长滚刀块。

② 去皮莴笋和胡萝卜分别斜刀切成厚片，再切成小条；红小米椒洗净，切成小圈；香菜择洗干净，切小段。

③ 汤锅内加水煮沸，倒入1小勺色拉油和1/3小勺盐，放入胡萝卜条氽透，再放入莴笋条略氽，捞出沥干水分。

④ 红小米椒圈放入碗内，加入蒜末、姜末、剩余盐、白糖、胡椒粉、香油和香菜段调匀成味汁。

⑤ 锅置火上，倒入剩余色拉油烧热，下入鸡腿菇块煎出水分。

⑥ 加入莴笋条和胡萝卜条略炒，倒入味汁，快速翻炒均匀，出锅装盘即成。

素烧松茸

色泽褐红，味道咸香。

制作时间 22分钟

难易度 ★★

用料

鲜松茸	500克
青蒜	25克
红尖椒	2根
葱花、蒜末	各1小勺
盐	1小勺
酱油	1/2小勺
水淀粉	2/3大勺
高汤	2/3杯
色拉油	3大勺

做法

① 将鲜松茸拣净杂质，洗涤干净，放入沸水中氽烫，捞出沥干水分。

② 青蒜择洗干净，斜刀切马耳形；红尖椒切小圈。

③ 锅置火上，倒入色拉油烧热，下入葱花和蒜末爆香，投入松茸煸干水分。

④ 加入高汤、盐、酱油和红尖椒圈，转用小火烧5分钟，用水淀粉勾芡。

⑤ 撒入青蒜拌匀，起锅装盘即成。

贴心提示

· 松茸有特别的浓香，口感如鲍鱼，营养价值高。

松炸平菇

白中透红，松软香嫩，
咸香微辣。

制作时间 35 分钟　难易度 ★★★

用料

鲜平菇	200克
蛋清	3个
料酒	2/3大勺
干细淀粉	2大勺
盐	2/3小勺
红辣椒粉	1/2小勺
姜汁	1/3小勺
色拉油	1杯

做法

① 鲜平菇去根洗净，先用平刀片成薄片，再切成细丝，加入 1/3小勺盐、姜汁和料酒拌匀，腌制入味。

② 蛋清放入碗内，用筷子顺同一方向搅打，至涨发得能立住筷子为止。

③ 加入干细淀粉、红辣椒粉、剩余盐和1大勺色拉油拌匀，制成红油高丽糊。

④ 平菇丝放入红油高丽糊中，拌匀。

⑤ 炒锅置中火上，倒入剩余色拉油烧至三四成热，分散下入平菇丝，待炸至涨发饱满且熟透时，捞出沥干油分，装盘即成。

葱香白灵菇

鲜香，爽口。

制作时间 22 分钟　难易度 ★★

用料

鲜白灵菇	300克
葱末	100克
虾油	1大勺
葱油	1大勺
盐	1/2小勺
色拉油	1杯

做法

① 将鲜白灵菇洗净切片，放入烧至六七成热的油内炸至表面微黄，捞出沥油。

② 再放入沸水内氽烫一下，捞出。

③ 炒锅置火上，倒入葱油烧热，倒入白灵菇片略炒几下，再加入虾油和盐炒至入味。

④ 投入葱末炒匀，起锅装盘即成。

贴心提示

· 白灵菇形似灵芝，菇体色泽洁白、肉质细腻、味道鲜美，食用和药用价值都很高。

第三章

荤素搭配更营养

荤食，主要指的是动物性食物———肉、蛋、鱼、奶等。

素食，主要指的是蔬菜、菌类、豆制品类及谷物类食物。

将荤素两类食物适当搭配，就会形成合理的、营养全面的膳食，同时还可以在很大程度上克服荤、素食各自的缺点。

香菇肉酱

褐红油亮，五香味浓。

制作时间
25 分钟

难易度
★★

用料

猪肉末	250克
鲜香菇	150克
洋葱	25克
料酒、酱油	各1大勺
五香粉	1小勺
盐、白糖	各1小勺
胡椒粉	1/3小勺
水淀粉	2大勺
色拉油	4大勺

做法

① 鲜香菇洗净去蒂，氽烫后过凉水，挤干水，切成小丁；洋葱去皮洗净，切成碎末。

② 锅置火上，倒入2大勺色拉油烧热，倒入猪肉末炒散变色，烹料酒，炒匀盛出。

③ 原锅重置火上，加入剩余色拉油烧热，下入洋葱末炒黄出香，续下香菇丁炒干水分。

④ 倒入猪肉末，加入白糖、盐、五香粉、酱油、胡椒粉和1杯开水，以小火煮15分钟至酥软入味。

⑤ 用水淀粉勾芡，搅匀即可出锅。

茄子肉酱

色泽分明，咸香鲜浓。

制作时间 30分钟

难易度 ★★

用料

茄子	500克
猪肉	150克
黄酱	250克
甜面酱	3大勺
葱末、蒜末	各2大勺
姜末	1大勺
盐	2小勺
色拉油	6大勺

做法

① 茄子洗净，切成约1厘米见方的小丁，用清水洗两遍，沥干。

② 猪肉剁成末。

③ 黄酱放入小盆内，加入1/3杯清水调成稀糊状，再加入甜面酱调匀成肉酱汁。

④ 炒锅置火上烧热，倒入3大勺色拉油烧热，倒入茄子丁煸干水分，至表面发黄时盛出。

⑤ 锅内再倒入剩余色拉油烧热，下入猪肉末炒至变色，加入葱末、姜末和蒜末炒出香味。

⑥ 倒入肉酱汁，用小火炒5分钟，再倒入茄子丁炒2分钟，最后调入盐，炒匀即成。

酸菜肉末臊子

质感软嫩，酸香味咸。

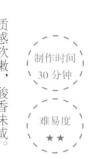

制作时间
30分钟

难易度
★★

用料

猪五花肉200克，酸菜150克，青蒜30克，姜末、蒜末各1小勺，花椒数粒，盐1小勺，酱油2/3大勺，香油1/2小勺，色拉油2大勺

做法

① 猪五花肉剁成末。

② 酸菜用温水充分洗净，挤干，剁碎；青蒜择洗干净，切碎。

③ 净锅置火上，倒入1大勺色拉油烧热，下入猪肉末煸炒散开，加入酱油和盐炒匀盛出。

④ 原锅置火上，倒入剩余色拉油烧热，下入花椒炸焦后捞出，再下入姜末和蒜末炒香出味，放入酸菜煸干水分，加入猪肉末炒匀。

⑤ 撒青蒜，淋香油，炒匀即成。

时蔬蘸肉酱

油亮褐红，荤素相宜，酱味浓郁，味道咸香。

制作时间 18分钟

难易度 ★★

用料

猪五花肉150克，甜面酱50克，大葱10克，大蒜2瓣，八角1颗，五香粉1/5小勺，花椒数粒，盐1/2小勺，鲜汤1/2杯，水淀粉1大勺，香油1/2小勺，色拉油3大勺

做法

① 猪五花肉切成粗末；大葱和大蒜分别切末。

② 炒锅置火上烧热，倒入1大勺色拉油烧热，下入八角和花椒炸焦捞出，再下入葱末和蒜末爆香，倒入猪肉末炒至酥香后盛出。

③ 炒锅重置火上，倒入剩余色拉油烧热，下入甜面酱炒出香味，倒入猪肉末略炒。

④ 掺入鲜汤，加入盐和五香粉调好口味，熬至出香味。

⑤ 用水淀粉勾芡，淋香油，搅匀出锅即成。

贴心提示

· 水淀粉起合味增稠作用，用量不宜过多。

香菜拌羊杂

嫩脆适口，麻辣鲜香。

制作时间
10分钟

难易度
★

用料

熟羊杂300克，香菜50克，鲜红辣椒10克，辣椒油1大勺，花椒粉3/5小勺，生抽2小勺，盐1小勺，白糖3/5小勺，香醋、香油各2小勺，蚝油1大勺

做法

① 将熟羊杂切成约0.2厘米厚的片。

② 香菜择洗干净，切成小段；鲜红辣椒洗净去蒂，横切成小圈。

③ 碗内放入辣椒油、花椒粉、蚝油、白糖、盐、生抽、香醋、花椒粉和香油调匀，制成麻辣汁。

④ 将熟羊杂片和香菜段放入小盆内。

⑤ 加入调好的麻辣汁，拌匀。

⑥ 整齐装盘，撒鲜红辣椒圈即成。

贴心提示

· 羊杂即羊下水，包括羊的血、肠、心、肝、肚、头、肺、尾、蹄等。羊杂含蛋白质、钙等多种营养成分。

孜辣西蓝花牛筋

孜然味浓，富有咬劲。

制作时间
28分钟

难易度
★★

用料

卤牛筋300克，西蓝花200克，生姜5克，干辣椒25克，孜然粉、盐各1小勺，色拉油、香油各1小勺

做法

① 卤牛筋先切成约6厘米长的段，再切成细条。

② 西蓝花分成小朵，洗净；干辣椒和生姜分别切丝。

③ 锅内倒入清水置火上煮沸，加入1小勺色拉油和1小勺盐，投入西蓝花氽至断生，捞出过凉，沥干水分。

④ 锅内倒入香油烧热，放入姜丝和辣椒丝炒香，盛入小盆内。

⑤ 放入牛筋条、西蓝花和孜然粉拌匀。

⑥ 取一圆盘，将西蓝花柄朝内摆一圈，中间堆上牛筋条，上桌即成。

贴心提示

· 西蓝花不要氽过头，以保持其口感清脆爽口。

酸辣菜心羊羔肉

皮爽肉嫩骨脆，酸辣鲜香味美。

制作时间
70分钟

难易度
★★

用料

羊羔肉500克，油菜心150克，香菜5克，大葱2段，花椒1小勺，陈皮5克，香叶2片，砂姜1/5小勺，酱油2小勺，盐1/2小勺，辣椒油2小勺，香醋1大勺

做法

① 将羊羔肉放入小盆内，加入葱段、花椒、陈皮、砂姜、香叶和适量清水，放入蒸锅中用中火蒸1小时至软烂后离火。留蒸羊羔肉原汤，备用。

② 蒸熟的羊羔肉晾干水分，切成大薄片；香菜择洗干净，切末。

③ 碗内倒入1/2杯蒸羊羔肉原汤，加入盐、酱油、香醋、辣椒油和香菜末调匀，制成酸辣味汁。

④ 油菜心洗净，氽烫至断生，捞出放入纯净水中过凉，挤干水分。

⑤ 油菜心放入盘中垫底，上面整齐地码上羊羔肉片。

⑥ 淋酸辣味汁，上桌食用即成。

香椿芽拌烧鸡

香椿脆嫩清香，鸡肉麻辣味鲜。

制作时间
20 分钟

难易度
★★

用料

香椿芽150克，烧鸡肉200克，熟芝麻1小勺，辣椒油2大勺，盐1/2小勺，生抽1小勺，香油2小勺，花椒粉1小勺

做法

① 香椿芽择洗干净，切成约3厘米长的段。

② 烧鸡肉去净骨头，用手撕成较粗的丝。

③ 将香椿芽段放入沸水锅内氽至断生，捞出过凉，挤干水分。

④ 盆内放入盐、生抽、香油、辣椒油和花椒粉调匀，制成麻辣汁。

⑤ 放入香椿芽段拌匀。

⑥ 再加入鸡肉丝和熟芝麻拌匀，装盘即成。

贴心提示

· 香椿芽入菜，吃法很多，如香椿拌豆腐、香椿炒鸡蛋、盐渍生香椿、油炸香椿鱼等。

泡牡丹凤爪

味道麻辣，口感筋道。

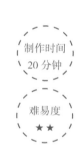
用料

菜花	300克
鸡爪	250克
胡萝卜	50克
莴笋	50克
生姜	3片
泡野山椒	200克
红花椒	25克
料酒	1大勺
盐	2小勺
鸡精	3/5小勺

做法

① 菜花分成小朵，洗净；胡萝卜和莴笋分别切成约4厘米长的条；鸡爪洗净，剪去爪尖，每只鸡爪用刀切成3块。

② 锅内倒入适量清水置火上煮沸，放入红花椒、姜片、1小勺盐、料酒和鸡爪块，以小火煮至断生，捞出，用纯净水冲凉，沥干水分。

③ 菜花、胡萝卜条和莴笋条分别放入沸水中略汆，迅速捞出，用纯净水冲凉，沥干水分。

④ 将泡野山椒和适量纯净水倒入保鲜盒内，加入剩余的盐和鸡精搅匀。

⑤ 放入鸡爪块、菜花、胡萝卜条和莴笋条。

⑥ 用保鲜膜封口，置于阴凉处浸泡6小时即成。

樱桃里脊

色泽红艳，外焦里嫩，酸甜适口。

制作时间
32分钟

难易度
★★

用料

猪里脊肉	200克
樱桃	100克
鸡蛋	1个
水淀粉	5大勺
白糖	1大勺
白醋	2/3大勺
盐	2/3小勺
料酒	1小勺
色拉油	1/2杯

做法

① 将猪里脊肉切成约1厘米厚的大片，在两面分别切上十字花刀，再改刀成约1厘米见方的小丁。

② 将猪肉丁放入小盆内，加入盐、料酒、搅匀的鸡蛋液和4大勺水淀粉抓匀，再倒入2小勺色拉油拌匀。

③ 樱桃洗净，去蒂去核，放入料理机内，加入1/2杯清水搅拌成汁，倒出。

④ 锅置火上，倒入剩余色拉油烧至五成热，逐一下入猪肉丁，炸至结壳定形且八成熟时捞出，待油温升高，再次下入猪肉丁复炸至外焦内熟，倒出沥干油分。

⑤ 原锅重置火上，倒入樱桃汁，加入白糖和白醋调好酸甜味，勾入剩余水淀粉搅匀。

⑥ 倒入炸好的猪肉丁快速翻匀，装盘上桌即成。

菠萝咕噜肉

色泽黄红，外焦内嫩，酸甜可口。

制作时间 45分钟　　难易度 ★★★

用料

猪肉200克，菠萝肉150克，青椒25克，红椒25克，鸡蛋1个，蒜蓉1小勺，干淀粉2大勺，白醋3大勺，白糖2大勺，番茄酱2大勺，辣酱油1大勺，料酒2大勺，盐2/3小勺，水淀粉2小勺，香油1小勺，色拉油1杯

做法

① 猪肉、菠萝肉、青椒、红椒分别切成菱形块。

② 猪肉块放入碗内，加入1/3小勺盐和料酒拌匀，腌制15分钟。

③ 小碗内放入白醋、白糖、番茄酱、辣酱油、剩余的盐和水淀粉，调匀成糖醋汁。

④ 鸡蛋打散，倒入猪肉中拌匀，加入1大勺干淀粉抓匀，使猪肉表面均匀地挂上一层蛋糊，再滚上一层干淀粉，抖掉余粉。

⑤ 锅置火上，入色拉油烧至五成热，下入猪肉块浸炸至刚熟捞出，待油温升高，再次下入复炸至外焦里嫩，倒出沥净油。

⑥ 原锅随1大勺底油重置火上，下入蒜蓉爆香，续下菠萝肉块略炒，烹糖醋汁炒匀，倒入炸好的猪肉块和青椒块、红椒块，淋香油，炒匀装盘即成。

枣香东坡肉

色泽红亮，枣香肉嫩，味道甜香。

制作时间 70分钟　难易度 ★★

用料

猪五花肉400克，鲜枣200克，姜片15克，葱节10克，料酒1大勺，白糖2大勺，老抽2小勺，盐1小勺，色拉油1大勺

做法

① 猪五花肉切成约1.5厘米见方的丁，放入沸水锅内略汆后捞出。

② 鲜枣洗净，对半切开，剜去核。

③ 锅置火上，倒入色拉油烧热，投入姜片、葱节和猪五花肉丁煸炒出油。

④ 烹料酒，加入老抽炒匀上色，倒入开水，调入盐和白糖。

⑤ 大火煮沸，改小火续煮30分钟，加鲜枣，煮至猪五花肉丁软烂。

⑥ 转大火收汁，出锅装盘即成。

贴心提示

· 汆烫猪五花肉丁，可去除部分油分，减少成菜的油腻感。

双豆炒里脊

制作时间 120分钟

难易度 ★★★

肉丁滑嫩，豆子脆香，味道鲜辣。

用料

猪里脊肉	200克
黑豆	25克
黄豆	25克
葱花	1小勺
姜末	1/2小勺
辣椒酱	2大勺
酱油	1小勺
料酒	1小勺
水淀粉	1小勺
盐	2/3小勺
香油	1/2小勺
鲜汤	1大勺
色拉油	1/2杯

贴心提示

· 猪里脊肉切丁前要用刀背拍松，既增加嫩度，又便于成熟和入味。

· 鲜汤起滋润增鲜作用，不宜多加。

做法

① 猪里脊肉剔净筋膜，先用刀背拍松，再切成约1厘米见方的丁。

② 猪里脊肉丁放入碗内，加入酱油、料酒和1/3小勺盐拌匀，腌制15分钟。

③ 黑豆和黄豆洗净，放入清水中浸泡30分钟，放入蒸锅蒸熟，取出沥干水分。

④ 锅置火上烧热，倒入色拉油烧至四成热，下入猪里脊肉丁炒熟，倒出沥干油分。

⑤ 锅内留1大勺底油，投入葱花和姜末炒香，随后放入黑豆、黄豆和辣椒酱炒透。

⑥ 加入猪里脊肉丁煸炒片刻，再加入鲜汤，调入剩余盐炒匀。

⑦ 倒入水淀粉勾芡，淋香油，翻匀，起锅装盘即成。

香干炒蒜薹

色彩鲜亮，脆嫩清爽，咸香鲜美。

制作时间 30 分钟　难易度 ★★

用料

蒜薹200克，香干100克，红辣椒50克，猪瘦肉50克，生姜10克，料酒2/3大勺，酱油1小勺，盐2/3小勺，白糖1/2小勺，水淀粉2/3大勺，鲜汤2大勺，色拉油2大勺

做法

① 蒜薹择去两头，洗净，沥干水分，切成约3厘米长的段。

② 香干切细条；红辣椒去蒂，洗净，去种子和筋，同生姜分别切丝。

③ 猪瘦肉洗净切丝，用1/2小勺水淀粉拌匀上浆。

④ 锅内倒入色拉油烧热，下入姜丝炝香，再下入猪肉丝煸炒至断生，烹料酒和酱油炒匀，倒入鲜汤煮沸。

⑤ 放入香干条、蒜薹段、红辣椒丝、盐和白糖翻炒至熟透，用剩余水淀粉勾芡，出锅装盘即成。

贴心提示

· 注意勾芡的量，以突出成菜清爽的口感。

干锅菜花五花肉

干香脆爽，味道香辣。

制作时间
40分钟

难易度
★★

用料

菜花400克，猪五花肉50克，洋葱50克，红小米椒6根，豆瓣辣酱2大勺，大蒜5克，生姜5克，葱白5克，料酒2小勺，生抽2小勺，白糖1小勺，鸡粉1/2小勺，盐1/3小勺，色拉油1大勺

做法

① 将菜花用手掰成小朵，洗净后放入沸水锅内略氽，捞出沥干水分。

② 猪五花肉切成厚片；洋葱去皮切丝；红小米椒洗净去蒂，切成小圈；大蒜、生姜和葱白分别切末。

③ 锅置火上，倒入色拉油烧至五成热，下入猪五花肉片煸炒出油，倒入菜花煸炒至表面微微发黄。

④ 推开菜花露出锅底，转小火，加入豆瓣辣酱、葱末、姜末和蒜末炒香，烹料酒，改大火，加入盐、白糖、生抽和小米椒圈，炒匀入味后离火。

⑤ 洋葱丝放入小砂锅内垫底，用中火加热至洋葱丝透明时离火，放在盘子上。再将炒好的菜花装入砂锅内，上桌即成。

辣白菜炒肉丝

酸香微辣，非常下饭。

制作时间
25分钟

难易度
★★

用料

土豆	300克
韩式辣白菜	150克
猪肉	100克
小香葱	2根
韩国辣椒酱	1大勺
干淀粉、白糖	各1小勺
料酒、生抽	各1小勺
盐	1/3小勺
色拉油	3大勺

做法

① 猪肉切丝，加入料酒、生抽和干淀粉拌匀，腌制片刻。

② 土豆去皮切成细丝，洗去多余的淀粉。

③ 韩式辣白菜切成细条；小香葱切成葱花。

④ 锅置火上，倒入2大勺色拉油烧至四成热，下入猪肉丝滑散，待变色时立刻盛出，控净油。

⑤ 锅内再倒入剩余色拉油，放入一半的香葱花爆香，加入辣白菜条翻炒出香味，再放入土豆丝翻炒。

⑥ 加入韩国辣椒酱、白糖和盐调味，最后下入滑好的猪肉丝和剩余香葱花，翻炒均匀，起锅装盘即成。

宫保土豆肉丁

红亮油润，咸辣回甜。

制作时间
25分钟

难易度
★★

用料

用料	
土豆	400克
猪肉	75克
酒鬼花生	3大勺
葱花、蒜片	各1小勺
干辣椒节、水淀粉	各1大勺
白糖、酱油	各2小勺
盐	1小勺
香油	1/2小勺
色拉油	2大勺

做法

① 猪肉切成小丁，放入碗内，加入1小勺水淀粉拌匀。

② 土豆洗净去皮，切成小丁，放入锅内煮熟，捞出沥干水分。

③ 锅置火上，倒入色拉油烧热，下入葱花和蒜片爆香，倒入猪肉丁炒散变色，加入干辣椒节炒上色。

④ 放入土豆丁炒干水汽，加入酱油、盐和白糖炒入味。

⑤ 勾入剩余水淀粉，加入酒鬼花生，淋香油，翻匀装盘即成。

贴心提示

· 酒鬼花生是一种四川省的风味小吃，将花生米油炸后冷却、调味、包装即成。在超市中可以买到。

宫保鸡丁

制作时间
30 分钟

难易度
★ ★ ★

软嫩可口，地方风味浓郁。

主料

鸡腿	2个
花生米	40克
干红辣椒	30克

调料

A：蛋白液	1/2个
盐	1/8小匙
料酒、玉米淀粉、清水各1小匙	
B：生抽	2大匙
陈醋、高汤	各1大匙
老抽、料酒	各1小匙
砂糖	1.5小匙
盐	1/8小匙
鸡精、味精	各1/2小匙
C：水淀粉（玉米淀粉2小匙+清水3大匙）	
香油	1/2小匙
生姜、大蒜	各5克
大葱段	10克
花生油	适量

做法

① 鸡腿去骨取肉，将鸡腿肉先切十字花刀，再切成丁；生姜、大蒜剁成蓉；大葱切成小段。

② 将鸡肉丁用调料A抓匀，腌制15分钟。

③ 炒锅内放入香油、花生油，放入花生米，冷油小火炸至花生米呈微黄色，捞出沥油，放凉后去皮。

④ 锅内油烧至四成热，放入腌好的鸡肉丁滑炒至变色，捞起备用。

⑤ 锅留底油烧至四成热，放入干红椒段炸至呈棕红色，再下入姜、蒜、葱炒出香味。

⑥ 锅内放入炒好的鸡丁，再倒入调好的调料B，大火炒匀。

⑦ 再加入花生米翻炒均匀。

⑧ 倒入水淀粉勾薄芡，炒匀即可。

酱爆茄子

色泽光亮，咸香回甜。

制作时间
27 分钟

难易度
★★

用料

茄子	500克
猪五花肉	50克
葱末、蒜末	各1小勺
甜面酱	3大勺
白糖	2大勺
盐	2/3小勺
鲜汤	1/2杯
水淀粉	2小勺
香油	1小勺
色拉油	1杯

做法

① 茄子洗净去皮，切成约5厘米长、1厘米宽的条。

② 猪五花肉剁成碎末。

③ 锅置火上，倒入色拉油烧至六成热，投入茄条炸至呈金黄色，倒出沥干油分。

④ 原锅内留2大勺底油重置火上，下入葱末和蒜末爆香，续下猪肉末炒散变色，加入甜面酱炒香出色。

⑤ 倒入鲜汤，调入盐和白糖，倒入茄条翻炒入味，用水淀粉勾芡，淋香油，翻匀装盘即成。

贴心提示

· 此菜风味突出甜味，如果不喜欢太甜，可减少白糖的用量。

青蒜炒肉末

色泽油亮，香醇可口。

制作时间
22 分钟

难易度
★★

用料

猪五花肉	150克
青蒜	150克
豆豉	2小勺
盐	1/2小勺
干红椒	10克
色拉油	1大勺

做法

① 猪五花肉洗净，剁成末；青蒜择洗干净，切成小段；干红椒切小段；豆豉剁碎。

② 炒锅内倒入色拉油烧热，下入猪肉末和干红椒爆炒2分钟至酥香。

③ 加入青蒜段和豆豉，用大火快炒至熟透。

④ 加入盐调味即成。

贴心提示

· 应先将猪肉末炒香后再下入青蒜段，这样烹制的菜肴吃起来会更香。加入青蒜段后要用大火快炒。

川香土豆水煮肉

制作时间 32分钟

难易度 ★★

肉片滑嫩，土豆绵软，味道麻辣。

用料

猪瘦肉	150克
土豆	200克
金针菇	50克
辣椒酱	1大勺
花椒	1小勺
干辣椒节	1小勺
生抽	1小勺
辣椒粉	1/2小勺
盐	1/2小勺
水淀粉	2/3大勺
色拉油	4大勺
小葱节	10克
生姜	3片
蒜片	1小勺

贴心提示

· 猪肉片上浆后再煮，就会有美妙滑嫩的口感。

· 要煮出汤汁的麻辣味后才可捞出料渣。

做法

① 猪瘦肉切成薄片放入碗内，加入盐、生抽和水淀粉拌匀上浆，再加入1.5小勺色拉油拌匀。

② 土豆洗净去皮，切成铜钱厚的片；金针菇洗净切段。

③ 锅置火上，放入1.5大勺色拉油烧至六成热，放入蒜片、小葱节、姜片、花椒和干辣椒节煸香，放入辣椒酱炒出红油，加入适量开水煮出味，捞出料渣。

④ 再加入土豆片煮熟，捞入碗内。

⑤ 分散下入猪肉片和金针菇，以小火煮半分钟，然后倒在土豆片上。

⑥ 撒辣椒粉。

⑦ 将剩余色拉油烧至极热，浇入碗中即成。

芫爆里脊

白绿相间，滑嫩清爽，味道咸鲜。

制作时间
23 分钟

难易度
★★

用料

猪里脊肉	200克
香菜梗	100克
鸡蛋清	1个
水淀粉	10克
葱丝	1大勺
姜丝、蒜片	各2小勺
料酒、醋	各1小勺
盐	2/3小勺
白胡椒粉	1/2小勺
鲜汤	2大勺
香油	1/2小勺
色拉油	1/2杯

做法

① 将猪里脊肉上的筋膜去净，切成长约7厘米、宽0.3厘米的细丝，放入清水中浸泡洗净血沫，捞出后挤去水分。

② 将里脊肉丝放在碗里，加入料酒、1/3小勺盐、鸡蛋清和水淀粉拌匀上浆，再加1小勺色拉油拌匀。

③ 香菜梗洗净，切成约4厘米长的段；用鲜汤、醋、剩余的盐、白胡椒粉和香油对成味汁。

④ 炒锅置火上烧热，倒入剩余色拉油烧至四成热时，下入里脊肉丝滑散至熟，倒出控油。

⑤ 锅留底油烧热，倒入里脊肉丝、香菜段、葱丝、姜丝、蒜片和味汁，快速颠翻均匀，出锅装盘即成。

金钱藕夹

色泽金黄，外焦里嫩，咸香可口。

制作时间
20分钟

难易度
★★

用料

藕	200克
猪肉末	150克
鸡蛋	2个
葱末、姜末	各1小勺
干淀粉	2大勺
水淀粉	2/3大勺
五香粉	1小勺
盐	1小勺
香油	1小勺
色拉油	1杯

做法

① 先将藕洗净，去皮，切成约0.5厘米厚的夹刀片，再用清水漂洗两遍，沥干水。

② 在碗内放入猪肉末、葱末、姜末、盐、五香粉、水淀粉和香油，调匀成馅。

③ 另取一碗，放入鸡蛋液和干淀粉，充分调匀成糊。

④ 在藕片内夹上适量肉馅，按实。

⑤ 锅里倒入色拉油烧至六成热，将藕夹挂匀鸡蛋糊，下入油锅内炸熟至呈金黄色，捞出沥干油即成。

贴心提示

· 炸制时油温不能太高，否则成菜外焦内生。

茶树菇烧肉

颜色红润，肥香不腻。

制作时间 60分钟　难易度 ★★

用料

猪五花肉400克，茶树菇200克，白糖2/3大勺，老抽1小勺，色拉油1大勺，盐1小勺，桂皮1小块，干辣椒2根，葱节3段，生姜3片，八角2颗，香叶1片

做法

① 将猪五花肉放入沸水锅内氽烫一下，捞出切成约2厘米见方的块。

② 茶树菇泡发好，切成段。

③ 炒锅置火上，倒入色拉油烧热，下入白糖炒成枣红色，倒入猪五花肉块翻炒上色。

④ 放入葱节、姜片、干辣椒、八角、桂皮和香叶翻炒出香味，倒入开水没过原料，加入老抽调好颜色，转小火慢炖35分钟至猪五花肉熟透。

⑤ 加入盐调好口味，放入茶树菇，盖上锅盖续焖15分钟至茶树菇软烂，转大火，将剩余汤汁收干即成。

鸡腿菇炒里脊

肉条滑嫩，菇香筋道，咸鲜可口。

制作时间
45分钟

难易度
★★

用料

猪里脊肉200克，鸡腿菇200克，葱末1小勺，姜末1小勺，蚝油1大勺，料酒2/3大勺，水淀粉2/3大勺，香油1/2小勺，色拉油1/2杯，鲜汤1/3杯，盐1小勺，干淀粉2/3大勺

做法

① 将猪里脊肉剔净筋膜，切成约5厘米长、筷子粗的条，放入小盆内，加入2小勺料酒、2/3小勺盐和干淀粉拌匀上浆，再加入2小勺色拉油拌匀，放入冰箱冷藏30分钟；将鸡腿菇洗净，切成约4厘米长的细条。

② 炒锅置火上烧热，倒入剩余色拉油烧至三四成热，分散下入猪里脊条滑至断生。

③ 再下入鸡腿菇条过一下油，倒入漏勺内沥干油分。

④ 锅内留底油重置火上，爆香葱末和姜末，烹入剩余料酒，加入蚝油、鲜汤和剩余盐调好口味，用水淀粉勾薄芡。

⑤ 倒入过过油的全部原料，颠翻均匀，淋香油，出锅装盘即成。

辣烧榛蘑五花肉

油润明亮，酥软香醇，微辣咸香。

制作时间 40分钟

难易度 ★★

用料

猪五花肉250克，水发榛蘑150克，青蒜10克，大葱3段，生姜3片，香辣酱1大勺，酱油2/3大勺，色拉油1大勺，花椒数粒，八角1颗，盐1小勺

做法

① 将猪五花肉皮上的残毛污物刮洗干净，放入沸水锅内煮至八成熟，捞出放凉，切成约0.3厘米厚的长方片。

② 水发榛蘑去掉根部；青蒜洗净切段。

③ 锅置火上，倒入色拉油烧至六成热，放入花椒和八角炸透捞出，下入葱段、姜片和猪五花肉片煸炒至出油。

④ 再下入榛蘑和香辣酱炒出红油，加入开水，调入酱油和盐，用中火烧至软烂入味。

⑤ 加入青蒜段，推匀装盘即成。

贴心提示

· 榛蘑和香辣酱要先炒出红油，这样成菜色泽更佳。

生爆盐煎肉

搭配合理，肉香不腻。

制作时间 20分钟　难易度 ★★

用料

猪五花肉300克，青蒜3棵，
郫县豆瓣2大勺，豆豉5克，
盐1/2小勺

做法

① 猪五花肉切片（厚约0.3厘米），青蒜斜切成马耳片。锅烧
　 热后放入适量油，待油烧热，放入猪五花肉片略炒几下。

② 加少许盐，反复煎炒直到肉片出油。

③ 加入郫县豆瓣。

④ 再加入适量豆豉。

⑤ 翻炒至炒出红油。

⑥ 放入青蒜片，迅速翻炒几下。

⑦ 闻到青蒜的香味就可以关火，加少许盐调味即可。

贴心提示

· 青蒜不必翻炒太久，闻到香味就可以关火。

扫码看视频

外婆红烧肉

咸香，味美。

制作时间 90 分钟　难易度 ★★★

④ 炒锅洗净后放色拉油，加香葱段、姜片，放入猪五花肉和慈菇。汁料内加热水，放锅中烧开，转小火炖制1小时即可。

用料

猪五花肉	1000克
慈菇	3个
红腐乳	2块
番茄沙司	2小勺
柠檬	2片
香葱	250克
姜	4片
大料	适量
桂皮	适量
迷迭香	适量
冰糖	5块
色拉油	2大勺

做法

① 猪五花肉改刀切成约1厘米见方的小块。锅内加入清水，放入柠檬、大料、猪五花肉，烧至水开后去浮沫，捞出，控干水分。

② 慈菇去皮，切成滚刀块。红腐乳、番茄沙司调和均匀，做成汁料，待用。

③ 炒锅烧热后加入色拉油、冰糖烧至化开，起青烟时放猪五花肉翻炒至糖色均匀。慈菇放锅内同炒至糖色均匀，铲出。

茼蒿炒腊肉

鲜香，爽滑。

制作时间
20分钟

难易度
★★

用料

腊肉	200克
茼蒿杆	200克
姜末	1小勺
蒜末	1小勺
盐	2/3小勺
色拉油	1大勺

做法

① 茼蒿洗净，取杆部切成约4厘米长的段。

② 腊肉切成长片，放入沸水锅内煮软，捞出沥干水分。

③ 锅内倒入色拉油烧热，放入蒜末和姜末炒香。

④ 放入茼蒿段翻炒至变成鲜绿色，加入盐炒至入味。

⑤ 放入腊肉片翻炒至入味即可。

贴心提示

· 茼蒿中的芳香精油遇热易挥发，烹调时应旺火快炒；茼
  蒿与肉、蛋等荤菜共炒可提高维生素A的吸收率。

西芹腊味

色泽诱人，香脆咸辣。

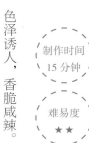

制作时间
15 分钟

难易度
★★

用料

西芹	200克
广式腊肠	100克
青小米椒	25克
红小米椒	25克
蒜末	1小勺
盐	1/2小勺
色拉油	1大勺

做法

① 西芹洗净，削皮去筋络，斜刀切成菱形块。

② 广式腊肠斜刀切椭圆片；青小米椒、红小米椒均洗净去蒂，切成小圈。

③ 锅内添水烧开，放入西芹块汆至断生，捞出控去水分。

④ 锅置火上，倒入色拉油烧热，下入蒜末和腊肠片炒至出油。

⑤ 加入小米椒圈和西芹块，调入盐，炒熟至入味即成。

贴心提示

· 将西芹先放沸水中汆烫（汆水后要马上过凉），除可使成菜颜色翠绿外，还可以减少炒熟所需的时间，从而减少油脂对西芹"入侵"的时间。

腊香茶树菇

口感筋道，咸香带辣，下饭极佳。

制作时间
30分钟

难易度
★★

用料

腊肉	300克
茶树菇	200克
生姜	5片
蒜片	1小勺
料酒	2/3大勺
盐	1/2小勺
生抽	2小勺
白糖	1小勺
花椒	数粒
干辣椒节	1小勺
色拉油	1大勺

做法

① 腊肉洗净，放入蒸锅中蒸熟后取出，晾凉后去皮切成片。

② 茶树菇泡发好后切成段，氽烫后挤干水分。

③ 净锅置火上，倒入色拉油烧热，下入干辣椒节、花椒、姜片和蒜片炒香，再下入腊肉片和茶树菇煸炒出油。

④ 烹料酒，调入盐、白糖和生抽，炒至入味后起锅装盘即成。

贴心提示

· 做菜时选择细长的茶树菇，味道较好；粗大的茶树菇味道稍差。霉变的茶树菇要坚决丢弃。

· 茶树菇烹饪前要用水稍微泡一下，洗净即可去除异味。

土豆肥肠煲

咸香软烂，略带麻辣。

制作时间
70分钟

难易度
★★★

用料

土豆	300克
白卤肥肠	250克
香菜段	2/3大勺
葱花、姜末、蒜末	各1小勺
酱油	1小勺
盐	2/3小勺
花椒	1/3小勺
鲜汤	3杯
白糖	1/2小勺
胡椒粉	1/3小勺
干辣椒节	1小勺
色拉油	3大勺

做法

① 将土豆洗净去皮，切成手指粗的条，放入锅内煮至五成熟，捞出放入砂锅内垫底。

② 白卤肥肠切成小段。

③ 炒锅内倒入1大勺色拉油烧热，下入姜末和蒜末炒香，放入肥肠段略炒，掺鲜汤，调入盐、胡椒粉、白糖和酱油。

④ 炖至软烂入味，起锅倒在土豆条上，盖上砂锅盖，置中火上煮沸，续煮3分钟后离火。

⑤ 炒锅重火上，倒入剩余色拉油烧热，下入干辣椒节和花椒爆香，浇在砂锅内。

⑥ 撒上葱花和香菜段即成。

蒜薹炒猪耳

制作时间
20分钟

难易度
★★

质地脆嫩，
豉味香浓。

用料

白卤猪耳	1个
蒜薹	150克
葱丝、姜丝	各1小勺
辣豆豉酱	1大勺
酱油	1小勺
盐	1/3小勺
水淀粉	1小勺
鲜汤	5大勺
香油	1小勺
色拉油	2大勺

做法

① 将白卤猪耳切成粗丝。

② 蒜薹洗净，切成约3.5厘米长的段，投入沸水锅内氽烫至变色，捞出沥干水分。

③ 炒锅置火上烧热，倒入色拉油烧至六成热，下入葱丝、姜丝和辣豆豉酱爆炒出香味。

④ 倒入猪耳丝和蒜薹段翻炒。

⑤ 加入酱油、盐和鲜汤炒至入味。

⑥ 用水淀粉勾芡，淋香油，翻匀装盘即成。

贴心提示

· 蒜薹表面光滑不易入味，故可多加一点咸味调料。

黄花菜炖猪蹄

汤白味鲜，筋糯香滑。

制作时间
60分钟

难易度
★★

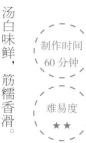

用料

净猪蹄	1个
水发黄花菜	100克
油菜心	6棵
生姜	3片
料酒	2小勺
盐	1小勺

做法

① 将净猪蹄用平刀从中间片成两半，再顺关节切成小块。

② 将猪蹄块同凉水一起入锅，煮沸后续煮5分钟，捞出洗净污沫。

③ 黄花菜去根，每根均用牙签划几下；油菜心分瓣洗净。

④ 取一净砂锅，倒入清水，放入猪蹄块、姜片和料酒。

⑤ 以旺火煮沸，撇净浮沫，转小火炖至熟透，加入黄花菜，调入盐，炖至软烂。

⑥ 放入油菜心稍炖即成。

贴心提示

· 黄花菜用牙签划几下，炖制时容易入味。

酸菜炖排骨

肉嫩粉滑，咸鲜酸香。

制作时间
47分钟

难易度
★★

用料

猪排骨、酸菜	各500克
水晶粉条	300克
青蒜	30克
葱花、姜末、蒜末	各2小勺
陈醋	1大勺
盐	1小勺
香油	1/2小勺
青小米椒、红小米椒	各10克
色拉油	2大勺

做法

① 将猪排骨剁成约5厘米长的段，放入清水中浸泡15分钟。将泡好的排骨放入加水的锅内，用中火煮至八成熟后捞出，留汤备用。

② 酸菜和青蒜分别洗净，切段；青小米椒、红小米椒分别切圈。

③ 锅置火上，倒入色拉油烧热，先下入葱花、姜末和蒜末炒香，再放入酸菜段炒2分钟。

④ 将步骤1中煮排骨的鲜汤加入锅中煮沸，放入猪排骨和小米椒圈煮10分钟。

⑤ 放入水晶粉条，调入盐，炖3分钟。

⑥ 加入陈醋调好酸味，撒青蒜段，淋香油，起锅盛入汤盆内即成。

茄子焖排骨

制作时间
75分钟

难易度
★★

酱红油亮，香鲜微辣，质感软烂。

用料

猪排骨	500克
长茄子	300克
姜末	1小勺
蒜末	1小勺
葱花	1小勺
干锅酱	1大勺
排骨酱	2/3大勺
小米椒粒	2/3大勺
干淀粉	1大勺
蚝油	1大勺
盐	2/3小勺
色拉油	1杯

贴心提示

· 烧茄子不油腻的方法：将茄子放入不粘锅，小火干炒一下使水分挥发、茄肉变软，再倒入油烧制；也可把茄条放碗中，撒盐略腌，挤掉腌出的汁液，再用油烧制，调味时少用盐。

做法

① 猪排骨剁成块，用清水浸泡15分钟，然后洗净血污，沥干水，放入盆内，加入蚝油、排骨酱、盐和干淀粉拌匀，腌制入味。

② 锅置火上，倒入色拉油烧至四成热，再放入排骨块炸干。

③ 将炸好的排骨块放入蒸锅中蒸熟，取出。

④ 长茄子洗净，切成滚刀块。

⑤ 锅内留2大勺底油烧热，下入茄子块炒透，加入小米椒粒、姜末、蒜末和干锅酱炒香，倒入开水。

⑥ 再放入排骨块，盖上锅盖，以小火焖透入味，转旺火收浓汤汁。

⑦ 出锅装盘，撒葱花即成。

什锦牛肉丝

制作时间
38 分钟

难易度
★★

口感丰富，味道香辣，越嚼越香。

用料

牛里脊肉	200克
紫皮长茄子	75克
丝瓜	75克
茭瓜	75克
豆角	75克
鲜香菇	6朵
红椒	10克
葱末	1小勺
蒜末	1小勺
辣椒酱	3大勺
生抽	2大勺
盐	1/2小勺
色拉油	5大勺

做法

① 牛里脊肉切成约0.3厘米厚的片；紫皮长茄子（洗净不去皮），丝瓜（去除外皮，洗净），茭瓜（洗净不去皮），分别切成约0.5厘米宽、4厘米长的条；豆角洗净，切成约4厘米长的段；鲜香菇洗净去根；红椒切细丝。

② 将长茄条、丝瓜条、茭瓜条和豆角段放入大碗内，撒盐腌制5分钟，挤干水分。

③ 锅置火上，倒入3大勺色拉油烧至五成热，放入牛肉片，以中小火煎成两面呈焦黄色后盛出，切成约4厘米长、0.5厘米宽的条。

④ 锅内留余油，将香菇菌盖朝下放入锅中，中小火煎4分钟。

⑤ 锅内倒入剩余色拉油烧至五成热，放入长茄条、丝瓜条、茭瓜条和豆角段翻炒2分钟，加入牛肉条、香菇条、葱末和蒜末炒至水分收干。

⑥ 加入红椒丝，调入生抽和辣椒酱，炒匀装盘即成。

贴心提示

· 挑选丝瓜时，以表皮呈鲜嫩的绿色、没有刮伤或变黑痕迹的为佳，不要挑选发软或有黑色条纹的丝瓜。用手捏丝瓜把，质地较硬的比较新鲜。

蚂蚁上树

色泽红亮油润，粉条筋道爽滑，味道香辣微麻。

制作时间
35 分钟

难易度
★★

用料

用料	
红薯粉条	150克
牛肉末	80克
蒜末	2小勺
姜末、葱花	各1小勺
豆瓣红油	3大勺
小米椒粒	2小勺
花椒粉	2/3小勺
辣椒粉	1大勺
盐、酱油	各1小勺
鲜汤	1杯
色拉油	2大勺

做法

① 先将红薯粉条放入温水中泡软，再捞入开水锅内汆至无硬心为止，捞出沥干水。

② 锅置火上烧热，倒入色拉油烧至六成热，下入牛肉末炒酥，加入酱油和1/2小勺盐炒入味，盛出。

③ 原锅重置火上，倒入豆瓣红油烧热，投入姜末、蒜末和小米椒粒炒香。

④ 下入辣椒粉炒出红色，加鲜汤煮沸，调入剩余盐和花椒粉，再下入红薯粉条。

⑤ 中火烧至入味且汁少时出锅，盛入碗内。

⑥ 撒上炒酥的牛肉末和葱花，稍稍拌匀，装盘即成。

烤土豆牛肉串

牛肉焦嫩，土豆软绵，味道鲜辣。

制作时间 50分钟　难易度 ★★

用料

牛肉	300克
土豆	300克
烤肉酱	1大勺
料酒	2小勺
姜汁	2小勺
辣椒粉	1小勺

贴心提示

· 牛肉块和土豆块要间隔穿在一起，这样成菜造型美观且原料更易熟透。

做法

① 土豆洗净去皮，切成约1.5厘米见方的滚刀块，放入淡盐水中浸泡15分钟，捞出沥干水分。

② 牛肉切成约1.5厘米见方的块，加入料酒和姜汁拌匀，腌制10分钟。

③ 取竹签间隔穿上牛肉块和土豆块，摆在烤盘上。

④ 撒辣椒粉，放入预热到200℃的烤箱内烤10分钟。

⑤ 取出翻面，再撒辣椒粉，用150℃的温度再烤5分钟。

⑥ 取出，刷上烤肉酱即成。

啤酒牛肉锅

牛肉鲜嫩多汁，牛筋口感爽劲。

制作时间
50分钟

难易度
★ ★ ★

用料

牛肉、牛筋	各300克
胡萝卜	1根
洋葱	2/3个
姜	1块
蒜	5瓣
干辣椒	5个

料酒、糖、生抽、黑啤、番茄酱各适量

做法

① 牛肉、胡萝卜、洋葱分别切大块，姜、蒜切片。锅中烧足量水，水开后放入洗净的牛筋氽烫。

② 氽烫后的牛筋洗去表面浮沫，切大块。

③ 将牛筋放入高压锅。

④ 加入料酒、生抽和干辣椒，加压15分钟。

⑤ 另起锅加适量油，放入姜、蒜片炒香。

⑥ 闻到香味后加入牛肉翻炒。

⑦ 变色后放入已经处理过的牛筋。

⑧ 再放入胡萝卜块，加入生抽、糖和番茄酱。

⑨ 最后倒入黑啤，大火煮开，转小火炖20分钟，放入洋葱，炖至汤汁浓稠即可。

贴心提示

· 做肉的时候加啤酒的好处：可以去腥味；可以使肉更嫩。

· 牛筋食疗作用：牛筋味甘，性温，入脾、肾经，有益气补虚，温中暖中的作用。

93

辣椒炒牛肚

清爽，脆嫩，鲜辣。

制作时间 25分钟　难易度 ★★

用料

白卤牛肚200克，青辣椒2根，红辣椒1根，蒜末1小勺，盐1/3小勺，水淀粉2小勺，鲜汤1/3杯，香油1小勺，色拉油2大勺

做法

① 将白卤牛肚去净油脂，片成薄片。

② 青辣椒、红辣椒洗净去蒂，分别切成菱形片。

③ 锅置火上，倒入色拉油烧至六成热，放入牛肚片滑熟，捞出沥干油分。

④ 炒锅内留1大勺底油，下入蒜末煸至呈金黄色，再下入青辣椒片、红辣椒片略炒。

⑤ 加入牛肚片略炒，倒入鲜汤，调入盐翻炒均匀。

⑥ 用水淀粉勾芡，淋香油，出锅装盘即成。

贴心提示

· 白卤牛肚已有咸味，可少加盐。勾芡宜薄不宜厚。

卷心菜牛肉汤

质感软烂，味鲜可口。

用料

鲜牛腩	250克
卷心菜	150克
番茄	50克
姜丝	3片
番茄汁	5克
料酒	1小勺
八角	1小勺
盐	2小勺
白糖	1小勺
胡椒粉	1小勺
色拉油	2小勺

制作时间 65分钟　难易度 ★★★

做法

① 将鲜牛腩垂直纹理切成大片，同凉水一起入锅，煮沸后撇净浮沫，捞出沥干水分。

② 卷心菜洗净，用手撕成不规则的片；番茄用沸水略氽，去皮切块。

③ 锅置火上，倒入色拉油烧热，下入姜丝和八角爆香，投入牛腩片煸炒片刻。

④ 烹料酒，加入白糖，倒入开水，盖上锅盖，用小火炖30分钟。

⑤ 再加入番茄块和卷心菜片续炖10分钟。

⑥ 加盐和番茄汁续煮5分钟，撒胡椒粉，搅匀即成。

泡椒萝卜烧羊排

辣而不燥，油而不腻，味鲜可口。

制作时间
25 分钟

难易度
★★

用料

羊排500克，白萝卜300克，香菜10克，葱节5克，姜片5克，泡椒50克，料酒2小勺，八角2颗，花椒数粒，酱油1大勺，盐1小勺，胡椒粉1/2小勺，香油1小勺，色拉油3大勺

做法

① 羊排洗净后剁成约5厘米长的段，白萝卜刮洗干净后切滚刀块，将羊排段、白萝卜块分别汆烫。

② 香菜择洗干净，切末；泡椒去蒂，剁成细蓉。

③ 锅置火上，倒入色拉油烧热，下入泡椒蓉、葱节和姜片炒香，再下入羊排段、花椒和八角同炒至出油。

④ 烹料酒，倒入适量开水，炖至羊排八成熟时加入白萝卜块，调入酱油、盐和胡椒粉，续炖至入味。

⑤ 拣出香料，转旺火收浓汤汁，淋香油，起锅装盘，撒香菜末即成。

番茄鸡油菌烧羊肉

羊肉软烂，菌菇滑烫，味香咸鲜。

制作时间
120 分钟

难易度
★★

用料

鸡油菌250克，羊肉300克，罐头番茄200克，胡萝卜100克，洋葱50克，大蒜3瓣，香叶2片，八角2颗，盐1/2大勺，黑胡椒粉1/2小勺，黄油2大勺

做法

① 羊肉切块，加入1/2小勺盐和黑胡椒粉腌制1小时。

② 洋葱切块；胡萝卜切滚刀块；蒜瓣切片；鸡油菌泡发后洗净，捞出沥干水分。

③ 锅置火上，放入黄油加热至化开，放入洋葱块和蒜片炒香，下入羊肉块翻炒至变色。

④ 再放入鸡油菌和胡萝卜块炒匀。

⑤ 倒入罐头番茄，用铲子尽量捣碎。

⑥ 炒匀后加入香叶、八角、剩余盐和适量开水，大火煮沸。

⑦ 小火煨炖40分钟，出锅即成。

八宝豆腐羹

口感丰富，营养全面。

制作时间 28 分钟　　难易度 ★★

用料

用料	
嫩豆腐	250克
鸡肉	40克
虾仁	40克
火腿	20克
莼菜	20克
水发香菇	20克
瓜子仁	20克
松子仁	20克
香葱花	1小勺
水淀粉	1大勺
盐	1小勺
鲜汤	2杯
香油	1小勺

做法

① 嫩豆腐切成约1厘米见方的小丁，放入沸水中略余。

② 火腿、虾仁、鸡肉和水发香菇分别切成小丁；莼菜洗净，略余。

③ 锅置火上，倒入香油烧热，倒入瓜子仁和松子仁炒至发黄焦脆，盛出。

④ 汤锅置火上，倒入鲜汤，煮沸后放入嫩豆腐丁、火腿丁、虾仁丁、鸡肉丁、香菇丁和莼菜，加入盐调味。

⑤ 再次煮沸，用水淀粉勾玻璃芡，撒上香葱花、瓜子仁和松子仁即成。

开水白菜

汤清如水，菜心软嫩。

制作时间
45分钟

难易度
★★

用料

白菜心	500克
净鸡胸肉	50克
胡椒粉	1/10小勺
盐	1小勺
清鸡汤	3杯

做法

① 白菜心顺长切成长条，放入沸水锅内氽至断生，捞出过凉，挤干水分。

② 净鸡胸肉搅打成蓉，放入碗内，加入1大勺凉的清鸡汤搅匀至呈稀粥状。

③ 锅置火上，倒入剩余鸡清汤煮沸，再倒入调好的鸡蓉，用手勺慢慢搅拌至凝结成团后捞出。鸡清汤过滤，备用。

④ 用干净的细针在白菜帮上扎出一些小孔，放入汤盆内，倒入清鸡汤，加入盐和胡椒粉调味。

⑤ 用绵纸封口，放入蒸锅用大火蒸15分钟，取出上桌即成。

黄瓜炒鸡肝

鸡肝软嫩，黄瓜清脆，咸鲜卤香。

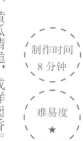

制作时间
8分钟

难易度
★

用料

用料	
黄瓜	200克
卤鸡肝	150克
大葱	10克
盐	1/3小勺
香油	1小勺
色拉油	1大勺

做法

① 黄瓜洗净，竖切成两半，斜刀切成厚片；大葱切葱花。

② 卤鸡肝切厚片。

③ 锅置火上，倒入色拉油烧热，下入葱花爆香，倒入黄瓜片炒干水汽，加入盐调味。

④ 加入卤鸡肝片炒匀，淋香油，起锅装盘即成。

贴心提示

· 这道菜不必用时太久，卤鸡肝本来就是熟的，炒久容易老。

小鸡炖蘑菇

鸡块酥烂入味，汤汁味鲜浓厚。

制作时间
75 分钟

难易度
★★

用料

净土鸡	1只
干榛蘑、干粉条	各100克
葱白、生姜	各30克
八角	2颗
桂皮	1小块
花椒	数粒
料酒	1大勺
盐	1/2大勺
酱油	1/2大勺
色拉油	1/4杯

做法

① 将净土鸡剁成约4厘米见方的块，用清水洗净；葱白斩成段；生姜切块。

② 干榛蘑用温水泡发，洗净后挤干水分。

③ 将干粉条用凉水泡软，剪成约10厘米长的段，备用。

④ 锅置火上，倒入色拉油烧热，放入鸡块煸炒至变色出油，放入葱段、姜块、八角、桂皮和花椒煸炒出香味。

⑤ 烹料酒，倒入开水，开水要没过原料，调入酱油和盐，用旺火煮沸后转小火，盖上锅盖，炖30分钟。

⑥ 加入粉条段和榛蘑，盖上锅盖，炖15分钟即成。

土豆鸭肉煲

鸭肉软烂，土豆酥绵，咸香可口。

制作时间
40分钟

难易度
★★

用料

净肥鸭	500克
土豆	300克
生姜	5片
大蒜	5瓣
料酒	1大勺
酱油	2小勺
盐	1小勺
胡椒粉	1/3小勺
色拉油	1/2杯

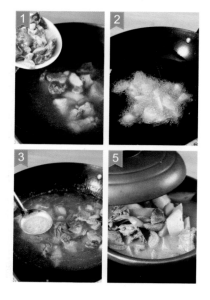

做法

① 净肥鸭剁成约2厘米见方的块，放入加有料酒的沸水锅内氽烫一下，捞出洗去污沫，沥干水分。

② 土豆洗净去皮，切成滚刀块，下入烧至六成热的色拉油锅内炸黄，捞出沥干油分。

③ 锅置火上，倒入2大勺色拉油烧热，下入姜片和蒜瓣爆香，放入鸭块炒至断生，倒入3杯开水，煮沸后撇去浮沫，用小火炖至鸭肉熟透。

④ 将炒锅内的原料连同汤水倒入砂锅内，加入土豆块，调入酱油、盐和胡椒粉。

⑤ 盖上锅盖，闷15分钟即成。

豆豉青椒炒鸭

鸭肉软烂，咸香可口。

制作时间
35 分钟

难易度
★★

用料

净鸭	半只
青椒块	50克
豆豉	2大勺
葱节、姜片	各10克
盐	2/3大勺
花椒	数粒
八角	1颗
色拉油	3大勺

做法

① 净鸭剁成约2厘米见方的块。

② 鸭块氽烫后放入高压锅内，加清水、葱节、姜片、花椒、八角和盐，盖上锅盖加热。

③ 上汽后续煮15分钟，离火，捞出鸭块，沥干汤汁。

④ 炒锅置火上，倒入色拉油烧热，下入青椒块和豆豉炒香。

⑤ 加入鸭块翻炒至无水汽，出锅装盘即成。

贴心提示

· 中医看来，鸭肉性味甘、寒、入肺、胃、肾经，有滋补、养胃、补肾等功效。

五味番鸭

制作时间
30分钟

难易度
★★★

味道丰富，肉质香嫩。

用料

番鸭	1/4只（约300克）
生抽、米酒、陈醋	各2大匙
老抽	1小匙
砂糖	1.5大匙
姜	10克
大蒜	5瓣
八角	3颗
香叶	4片
水淀粉、色拉油	各1大匙

贴心提示

· 适宜食用番鸭的人：母婴、儿童、青少年、老人、职业人群、更年期妇女等。

· 不适宜食用番鸭的人：感冒、高血压、动脉硬化、高脂血症患者等。

做法

① 番鸭洗净，连骨斩成块；姜洗净，切片。锅中放入水烧开，放入番鸭块余至变色，捞起，沥净水。

② 锅入油，冷油放入姜片、大蒜炒香。

③ 放入番鸭块。

④ 小火煸至番鸭块明显缩小，将油脂逼出来。

⑤ 放入剩余调料，再倒入400毫升清水。

⑥ 大火煮开后，转小火加盖焖至收汁。

⑦ 将锅内煮出的油脂盛出一半，倒入水淀粉。

⑧ 小火煮至芡汁浓稠即可出锅。

柚子炖鸡汤

鸡肉软烂，清香可口。

制作时间 60分钟

难易度 ★★

用料

用料	
净公鸡肉	750克
柚子	250克
生姜	5片
盐	2小勺
清汤	4杯
色拉油	1大勺

做法

① 净公鸡肉晾干水分，剁成约2厘米见方的块。

② 柚子去皮去籽，剥成小瓣。

③ 锅置火上，倒入色拉油烧至六成热，下入姜片爆香，随即投入鸡块爆炒至出油。

④ 倒入清汤煮沸，撇净浮沫。

⑤ 倒入瓦罐，盖上锅盖，以小火慢炖至八成熟。

⑥ 调入盐，放入柚子瓣炖至鸡肉软烂，盛出食用即成。

贴心提示

· 柚子瓣不宜过早加入汤中，最好在鸡块快熟时加入，这样成菜的清香味才浓。

第四章

每一口都是肉

肉食控的最爱，这里都可以找到：排骨、猪牛羊肉，鸡鸭、蛋类。

从凉拌到热炒，从煎炸到炖煮，

入选本篇章的每一道美食都有一个共同的前提：好吃。

每一口都是肉的痛快，配上第一篇中美味的素菜，

口腹之欲其实很容易满足，

但小心不要吃撑哦！

手撕大排肉

肉质滑嫩，鲜香爽口。

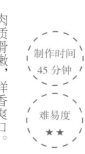

制作时间
45 分钟

难易度
★★

用料

猪大排	500克
黄瓜	100克
蒜泥	1大勺
生姜	3片
大葱	2段
辣椒油	1大勺
料酒	2/3大勺
盐	1小勺
白糖	2/3小勺
香油	1小勺

做法

① 猪大排剁成块，放入清水中泡去血水，捞出，沥干水，放入高压锅（可使用电高压锅）内，加入姜片、葱段和料酒，盖上锅盖，大火烧至上汽后转小火压20分钟，离火自然晾凉。

② 将香油、辣椒油、白糖、蒜泥和盐调匀，制成红油味汁。

③ 黄瓜洗净，切成粗丝。

④ 将排骨捞出沥干，用手将排骨肉撕成丝。

⑤ 排骨肉丝同黄瓜丝一起堆在盘中，随调好的红油味汁上桌蘸食即成。

蘸水手撕鸡

口感软嫩，酸香诱人。

用料

净公鸡	1只
熟芝麻	2小勺
小香葱	2根
生姜	3片
大蒜	1头
老陈醋	6大勺
八角	2颗
花椒	数粒
香油	1小勺
盐	1小勺

制作时间 45分钟

难易度 ★★★

做法

① 小香葱洗净，取葱白部分切段，葱叶部分切碎末。

② 净公鸡汆烫后放入凉水锅内，加入葱白段、生姜片、花椒和八角，用旺火煮沸，撇去浮沫，转小火煮熟，离火，用原汤泡凉。

③ 大蒜剥皮，加入1/3小勺盐捣成蓉，加入3大勺纯净水调匀，再加入葱叶末、老陈醋、香油、熟芝麻和剩余盐，调匀成蘸汁。

④ 将鸡捞出，用擀面杖敲松。

⑤ 卸下头、翅、爪和鸡骨，用手将鸡肉撕成不规则的丝。

⑥ 鸡骨切成小块，放在盘中垫底，盖上鸡丝，再摆上头、翅和爪呈原鸡形，随蘸汁上桌食用即成。

白切文昌鸡

制作时间
60分钟

难易度
★★★

外皮爽脆，肉质滑嫩，味道鲜香，肥而不腻。

用料

净文昌鸡	1只
香葱	15克
生姜	15克
盐	1小勺
蚝油	1大勺
色拉油	2大勺

贴心提示

· 如果将鸡直接完全放入沸水锅内煮，鸡皮很容易破，同时要控制好煮鸡时间，若时间过长，鸡肉会老，鸡皮也不滑脆。

· 煮好的鸡立即用冰水浸凉，这样口感才佳。

做法

① 文昌鸡剁去鸡爪，去除内脏后洗净。

② 香葱择洗干净，葱白切段，葱叶切成碎末；生姜洗净去皮，取5克切片，剩余生姜剁成细末。

③ 锅置火上，加入适量清水煮沸，放入葱段和姜片，用手提起文昌鸡的头部放入沸水锅内氽烫三下，再将鸡完全放入沸水锅内，盖上锅盖，转小火焖煮15分钟。

④ 捞出沥干汤汁，放入冰水中浸凉。

⑤ 葱末和姜末放入小碗内，加盐拌匀，再倒入烧至七成热的色拉油，调匀成味汁。

⑥ 捞出浸凉的鸡，沥干水分，切成长条状，按原鸡形状摆在盘中，随味汁和蚝油上桌蘸食即成。

卤汁红油鸡

制作时间
60分钟

难易度
★★

鸡肉肥嫩，味道香辣。

用料

净肥鸡	1只
姜片	10克
葱结	10克
熟芝麻	2小勺
辣椒油	1大勺
料酒	2小勺
五香料	1小包
酱油	1大勺
盐	2小勺
白糖	1小勺

贴心提示

· 要控制好煮鸡时间，不要煮得太烂。

· 如果鸡煮好后需搁置片刻再吃，应在鸡表面涂香油，减少水分的蒸发，防止鸡皮风干。

做法

① 将净肥鸡汆烫后放入凉水锅内，加入姜片、葱结、料酒和五香料包，用中火煮30分钟至出香味，放入盐、酱油和白糖调味。

② 离火，鸡在煮鸡卤汁中浸泡至凉。

③ 将肥鸡捞出切成条，整齐装在盘中。

④ 取1/2杯煮鸡卤汁与辣椒油调匀，浇在鸡块上。

⑤ 撒上熟芝麻即成。

元宝肉

制作时间
130分钟

难易度
★★★

肥而不腻，香味浓郁。

用料

猪五花肉	400克
熟鸡蛋	4个
大葱	4段
生姜	6片
姜末	1小勺
八角	1颗
八角粉	1小勺
酱油	2大勺
料酒	1大勺
豆腐乳	1小勺
盐	1小勺
白糖	1/2小勺
香油	3小勺
老抽	1大勺
色拉油	3大勺

做法

① 锅置火上，加入适量清水，放入大葱（2段）、生姜（3片）、八角和猪五花肉，小火煮40分钟后捞出。

② 猪五花肉擦干水，均匀涂抹老抽，晾干。

③ 锅置火上，倒入色拉油烧至七成热，将熟鸡蛋去皮后放入油锅内炸成虎皮色，捞出沥干油分。

④ 待油温升高，放入猪五花肉炸至上色。

⑤ 捞出猪五花肉晾凉，切成约0.3厘米厚的长方片；鸡蛋顺长切成两半。

⑥ 将料酒、盐、白糖、酱油、豆腐乳和香油放入碗内，调匀成味汁。

⑦ 取大蒸碗，碗底放入姜末和八角粉拌匀，将猪五花肉片皮朝下装入碗内，放上鸡蛋、剩余姜片和葱段，倒入调好的味汁，放入蒸锅中蒸1小时。

⑧ 取出，扣在盘中即成。

腐乳肉

色泽红亮，肥而不腻，口感软烂。

用料

猪五花肉	500克
红腐乳	3块
姜片	5克
腐乳汁	2大勺
蜂蜜	1小勺
盐	2/3小勺
白糖	1/2小勺
色拉油	1杯

制作时间 160分钟　难易度 ★★★

做法

① 将猪五花肉皮上的残毛污物等刮洗干净，放入凉水中煮至断生，捞出揩干水分，在皮面均匀抹上一层蜂蜜，晾干。

② 离火，用原汤浸泡至凉。

③ 将猪五花肉投入烧至七成热的油锅内炸成枣红色，沥干油分。

④ 将炸过的猪五花肉用开水泡软至表皮起皱褶，切成约0.3厘米厚的长方片。

⑤ 红腐乳放入碗内，用小勺碾成细泥，加入腐乳汁、开水、盐和白糖调成腐乳汁。

⑥ 取一蒸碗，先将较整齐的猪五花肉片皮面朝下摆入碗

内，再将剩余猪五花肉装入，至与碗口平齐，倒入调好的腐乳汁，放上姜片，放入蒸锅用旺火蒸2小时至酥烂入味。

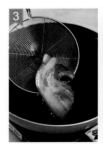

东北酱排骨

褐红油润，软烂香浓，酱香四溢。

制作时间
80分钟

难易度
★★

用料

猪排骨500克，葱段20克，姜片20克，黄豆酱3大勺，生抽1大勺半，老抽1大勺，啤酒1/2杯，炖肉香料包1个，色拉油3大勺

炖肉香料包：八角2个，花椒粒10克，香叶5片，桂皮10克，草果1个，肉豆蔻2个，干山楂片10克

做法

① 猪排骨剁成约8厘米长的段，放入加了葱段和姜片的开水锅内煮10分钟，捞出后用清水漂洗干净，沥干水。

② 锅置火上，倒入色拉油烧至五成热，放入黄豆酱炒散，调入老抽和生抽炒2分钟，倒出。

③ 砂锅内加入适量清水，放入猪排骨，再加入啤酒、炒好的黄豆酱和用清水漂洗过的炖肉香料包。

④ 大火煮沸后转小火，卤1小时至排骨熟透入味即成。

贴心提示

· 黄豆酱炒香，也可以直接加入清水和其他调料调成酱汤，然后放入猪排骨酱制。

椒香手抓骨

辣中带酸，美味劲爽。

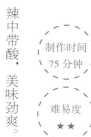

制作时间
75 分钟

难易度
★★

用料

猪肋骨	750克
香菜末	2小勺
二荆条辣椒	50克
红小米椒碎	2小勺
香醋	1大勺
盐	1小勺
辣鲜露	1小勺
炖肉料	1小包

做法

① 将猪肋骨剁成约8厘米长的段，用清水漂洗干净，沥干水，放入凉水锅内，加入炖肉香料包（与东北酱排骨的一样），用小火炖熟。

② 捞出沥干汤汁，将排骨肉推向一端，另一端的骨头用锡箔纸裹好，摆在盘中。

③ 二荆条辣椒洗净去蒂，剁成碎粒，放入汤碗内，加入盐、辣鲜露和香醋调成酸辣味汁，倒入摆有排骨的盘内。

④ 撒上香菜末和红小米椒碎即成。

贴心提示

· 炖排骨时要用小火，肉质才嫩。

避风塘排骨

香气扑鼻，外皮酥脆，内里软嫩，蒜味浓郁。

制作时间
45 分钟

难易度
★★

用料

猪排骨	500克
大蒜	50克
鸡蛋	1个
青尖椒	10克
干辣椒	5克
干淀粉	1大勺
豆豉、盐	各1小勺
辣椒油、酱油	各2小勺
五香粉	1/3小勺
色拉油	1杯

做法

① 将排骨剁成约3厘米长的小段放入盆内，加入3/4小勺盐、五香粉、1小勺干淀粉和酱油拌匀。

② 将处理好的排骨段摆在盘中，放入蒸锅蒸熟，取出沥干水。

③ 青尖椒去蒂，切圈。干辣椒切短节。

④ 将1小勺辣椒油、鸡蛋液和剩余干淀粉放入排骨中，用筷子拌匀。

⑤ 将排骨逐块下入油锅内炸至两面金黄，捞出沥干。

⑥ 大蒜剁成蓉，用清水冲洗两遍，沥干水，加入辣椒油和剩余盐拌匀，放入油锅内炸黄，捞出沥干。

⑦ 炒锅重置火上，放入青尖椒圈、干辣椒节和豆豉炒香，倒入排骨和炸好的蒜蓉炒匀入味，装盘上桌即成。

无锡肉排

制作时间	难易度
75 分钟	★★★

用料

猪小排骨	500克
洋葱	25克
生姜	15克
冰糖、色拉油	各1大勺
红曲米、盐	各1小勺
干淀粉	2大勺
陈皮	5克
香果、草果	各1个
香叶	3片
桂皮	1小块

做法

① 猪小排剁成约10厘米长的段，拍上一层干淀粉。

② 生姜去皮，切成约1厘米见方的丁。洋葱去皮，切方块。

③ 将陈皮、香果、草果、香叶、桂皮和红曲米装入纱布内，制成香料包。

④ 锅置火上，加水煮沸，下入排骨段氽至变色，捞出沥干水。

⑤ 炒锅内倒入色拉油烧热，放入姜丁煎黄后离火。

⑥ 砂锅内加水煮沸，放入排骨、冰糖、香料包和姜丁，再加入盐调味，以小火炖制35分钟。

⑦ 加入洋葱块续炖5分钟，起锅即成。

干煎粉蒸骨

肥而不腻，外焦里嫩，味道鲜美，吃法新颖。

制作时间
55 分钟

难易度
★★

用料

猪小排	500克
五香米粉	75克
姜末、葱花	各1小勺
海鲜酱、腐乳汁	各1大勺半
料酒、酱油	各2/3大勺
盐	2/3小勺
白糖	1/2小勺
鲜汤	1/3杯
色拉油	3大勺

做法

① 将猪小排洗净，剁成约6厘米长的段，放入小盆内，加入盐、料酒、白糖、海鲜酱、腐乳汁、酱油、姜末和葱花拌匀，腌制15分钟。

② 在腌制入味的排骨中加入五香米粉和鲜汤拌匀，堆在盘中，放入蒸锅中用旺火蒸约25分钟至熟透，取出。

③ 平底锅置中火上，舀入色拉油铺满锅底。

④ 摆入蒸好的米粉排骨煎至两面金黄焦香，铲出装盘即成。

贴心提示

· 这道干煎粉蒸排骨，在粉蒸排骨的基础上，又有所变化，是老少皆宜的健康美味。

扫码看视频

土豆花肉烧豆角

制作时间
35分钟

难易度
★★

土豆酥软，猪肉鲜嫩多汁。

用料

土豆	1个
四季豆、猪五花肉	各200克
葱	1根
蒜	3瓣
干辣椒、八角	各2个
花椒	25粒
草果	1个
料酒	1大勺
生抽	2大勺
盐	1小勺
油	500毫升

做法

① 土豆去皮切块。四季豆去头尾、老筋，用手掰成段。猪五花肉切大块。花椒、八角和草果放入茶包袋。干辣椒切段，蒜切片，葱切段。锅中加少许油，烧热后放入切好的土豆块。

② 小火煎至土豆块微微泛黄且有些透明，盛出。

③ 另起锅，加少许油，油烧热后放入蒜片和干辣椒段。

④ 小火煸出香味后，放入猪五花肉。

⑤ 炒至猪五花肉变色，倒入四季豆。

⑥ 翻炒1分钟，倒入已经煎好的土豆。

⑦ 放入干辣椒和少许盐，加入料酒和生抽。

⑧ 炒匀，再放入茶包袋和葱段。

⑨ 加入清水，水位至食材的2/3处。

⑩ 大火烧开，转小火，加锅盖炖20分钟即可。

富贵红烧肉

制作时间 50分钟　难易度 ★★★

色泽红亮，味道香浓，软烂滑润，肥而不腻。

用料

猪五花肉	300克
鹌鹑蛋	10个
红烧酱油	2大勺
糖	1小勺
姜	1块
葱	1截
八角	2个
香叶	2片
油	适量

贴心提示

· 要选择肥瘦相间的猪五花肉，肥瘦比例大概为7∶3。

· 红烧酱油中已含有糖分，所以要根据个人口味调节糖的用量。

· 大火烧烤之后，要转小火炖，随时注意汤汁，以免烧干。

做法

① 猪五花肉洗净、切块，鹌鹑蛋煮熟、剥皮，姜切片，葱切段。锅烧热，加少许油，油热后放入猪五花肉。

② 煸炒至猪五花肉变色，加入红烧酱油。

③ 翻炒均匀，加入糖，炒至糖化开且均匀包裹肉块。

④ 将炒好的猪五花肉倒入炖锅，加水没过肉。

⑤ 大火烧开，放入葱、姜、八角和香叶，转小火炖半小时。

⑥ 放入鹌鹑蛋，继续炖10分钟左右，大火收汁即可。

潮汕牛肉丸

滑弹细嫩，味道鲜美。

用料

鲜牛腿肉	250克
猪肥肉	50克
海米	1大勺
香菜段	2/3大勺
鱼露	2大勺
干淀粉	1大勺
盐	1/2小勺
胡椒粉	1/3小勺
香油	1/2小勺
沙茶酱	1大勺

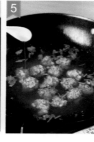

做法

① 将鲜牛腿肉去筋后切成小丁，用刀刃和刀背交错反复剁成肉泥，加入1小勺干淀粉、盐和1大勺鱼露搅匀，再剁15分钟。

② 海米泡软，洗净切粒；猪肥肉剁成末。

③ 牛肉泥放入盆内，加入海米粒、猪肥肉末、剩余鱼露和干淀粉，用手搅拌上劲至呈胶状。

④ 左手抓肉馅，从虎口挤出丸子，入温水锅内。

⑤ 以小火煮熟丸子，加入胡椒粉、香菜段和香油，起锅盛入碗内，配上沙茶酱佐食即成。

XO糯米鸡

质感糯软细嫩，
味道咸鲜美妙。

制作时间
35 分钟

难易度
★★

用料

鸡腿	4个
糯米	100克
蒜末、姜末	各2小勺
葱花	1小勺
XO酱	1大勺
水淀粉	1大勺
盐	1小勺
色拉油	2大勺
香油	1小勺

做法

① 将鸡腿剁成约2厘米见方的块，洗去血污，挤干水分。

② 糯米拣净杂质，用清水泡数小时至涨透，沥干水分。

③ 蒜末放入大碗内，加入烧至极热的色拉油搅匀。

④ 鸡块放入大碗内，加入盐、XO酱、姜末、油泼蒜和水淀粉拌匀，腌制15分钟。

⑤ 将腌制入味的鸡块逐块裹上糯米，堆在盘中。

⑥ 放入蒸锅中用旺火蒸至熟烂后取出，撒葱花，淋香油即成。

贴心提示

· 糯米一定要泡透后再用。蒸制时若觉得糯米发硬，可适当淋点汤水，否则成菜后糯米无黏糯感。

大盘鸡

色泽红亮油润，麻辣味十足，香味浓郁。

制作时间 100分钟　难易度 ★★★

用料

净三黄鸡	1只
土豆	250克
面粉	100克
青椒	50克
红椒	50克
大葱	5段
生姜	5片
大蒜	6瓣
蒜末	1大勺
辣椒油	2大勺
泡椒	25克
干朝天椒	10克
桂皮	1小块
花椒	数粒
八角	2颗
草果	2个
糖色	1大勺
盐	2小勺
花椒粉	1小勺
色拉油	4大勺

贴心提示

· 鸡块必须先汆烫，用热油炒透后再加水炖制。

· 成菜要突出香辣麻红的特点。

· 煮熟的皮带面要放入纯净水中浸泡过凉，这样口感才筋道。

做法

① 净三黄鸡剁成约3厘米见方的块，汆烫后沥干水分。

② 土豆洗净去皮，切成滚刀块；青椒、红椒洗净，切成三角块。

③ 面粉放入盆内，加入1/4杯清水和成面团，盖上湿布醒1小时。

④ 锅置火上，倒入色拉油烧热，下入葱段、姜片、蒜瓣、桂皮、花椒、八角和草果爆香，倒入鸡块、泡椒和干朝天椒炒香出色，加入糖色炒匀。

⑤ 加入适量开水炖5分钟，再放入土豆块，调入盐和花椒粉，续炖至土豆软熟，加入辣椒油，青椒、红椒块和蒜末略炖，关火。

⑥ 将醒好的面团搓成条，按扁，拉成拇指宽的皮带面，然后放入沸水煮熟，捞出放入纯净水中浸泡过凉。

⑦ 皮带面铺在盘中垫底，再盛上炖好的鸡块即成。

脆皮糯米鸭

外酥内嫩，鸭肉糯香。

制作时间 40分钟　难易度 ★★

用料

板鸭	1只
糯米	200克
盐	1小勺
胡椒粉	1/3小勺
色拉油	2杯

做法

① 斩下板鸭头留作盘饰，剔净鸭骨，用刀背将去骨鸭肉轻捶至平整。

② 糯米淘洗干净，放入清水锅内煮涨，捞出沥干水分，放入蒸锅中蒸熟。

③ 加入盐和胡椒粉拌匀，分成二等份。

④ 在干净的不锈钢盘上刷一层色拉油，放入一份糯米饭均匀铺开，再将去骨鸭肉平整地铺在糯米上，轻轻压实。

⑤ 倒入另一份糯米饭铺平，完全盖住鸭肉，放上重物压24小时。

⑥ 净锅置火上，倒入色拉油烧至四成热，下入压好的糯米鸭浸炸至呈金黄色。

⑦ 捞出沥干油分，改刀成条状，装盘后摆上鸭头即成。

第五章

海鲜河鲜

鱼、虾、蟹、贝……河里产的海里生的，
相信是很多人特别喜欢的那一口。
这类食物的一个共同点就是鲜美，
甚至有的被形容成"鲜掉眉毛""鲜掉舌头"。
海河鲜因为本身滋味足，所以烹制方法其实可以很简单，
但如果你吃腻了清水煮海河鲜、清蒸海河鲜，
那么可以跟着本章来换换口味了。

虾仁拌苦瓜

凉滑，脆爽，微辣。

制作时间
15分钟

难易度
★

用料

苦瓜	300克
虾仁	150克
鲜红椒	10克
蒜蓉	1小勺
辣椒油	2小勺
干淀粉	2小勺
盐	1小勺
色拉油	1小勺

做法

① 苦瓜洗净，从中间剖开，挖去籽瓤，改刀成抹刀片；鲜红椒切菱形片。

② 虾仁用刀片开脊背，挑去泥肠，用清水洗净，挤干水分，加入1/4小勺盐和干淀粉拌匀。

③ 锅置火上，倒入适量清水煮沸，投入虾仁氽熟，捞出放入纯净水中过凉，沥干水分。

④ 在沸水中加入1/4小勺盐和色拉油，放入苦瓜片氽至断生，捞出放入纯净水中过凉，沥干水分。

⑤ 将虾仁、苦瓜片和鲜红椒片放入碗内，加入蒜蓉、辣椒油和剩余的盐拌匀，装盘即成。

132

芹菜拌蛏肉

制作时间
10 分钟

难易度
★

鲜香，麻辣。

用料

蛏子	350克
芹菜	100克
小米椒	20克
生姜	3片
大葱	2段
白酒	1大勺
盐	1小勺
麻椒油、辣椒油	各1小勺

做法

① 将蛏子放入淡盐水中浸泡2小时，再用清水洗净。

② 放入加有姜片、葱段、白酒的沸水锅内煮熟后离火。

③ 将蛏子捞出，沥干汁水，去壳取肉。

④ 芹菜择洗干净，斜刀切段，汆烫后过凉；小米椒切成段。

⑤ 将蛏子肉、芹菜段和小米椒段分别倒入大碗内。

⑥ 调入盐、麻椒油和辣椒油，拌匀即成。

贴心提示

· 鲜活的蛏子先放入淡盐水中浸泡2小时，让其吐净里面的泥沙。

葱拌八带

制作时间
10分钟

难易度
★★

口感软韧，鲜美可口。

用料

八带	300克
葱姜片	20克
姜丝和葱段	10克
料酒	1勺
醋	1/2小勺
味极鲜	2勺
香醋	1勺
鸡精	1/4小勺
香油	1/2小勺

贴心提示

· 汆八带时间不要过长。根据
八带的大小适当调节时间。
汆八带的时候加醋，可以使
八带更脆爽。汆熟后取出口
器更容易。

· 汆好的八带投入凉水过凉，
可保持口感脆爽。

做法

① 锅入水烧至八九成热，倒入1勺料酒和葱姜片，放入洗
净的八带，倒入1/2小勺醋，烧开。

② 汆至变色、八带腿打卷、头部变硬，捞出，投入凉开
水中过凉。

③ 将八带改刀、去口器，小八带可以不必切。

④ 放入姜丝和葱段。

⑤ 加入味极鲜、香醋、鸡精、香油。

⑥ 拌匀，装入容器即可。

果蔬泡鱿鱼圈

口感丰富，酸甜微辣。

用料

用料	
鱿鱼圈	500克
泡野山椒	100克
泡野山椒汁	1杯
苹果、梨	各100克
胡萝卜	100克
白糖	3大勺
白醋	3大勺
白酒	1大勺
盐	1小勺

做法

① 锅置火上，倒入2杯清水煮沸，加入泡野山椒、泡野山椒汁、白糖、白醋、盐和白酒熬成山椒盐水，熄火晾凉。

② 鱿鱼圈洗净，放入沸水锅内氽至断生，捞出，放入纯净水中过凉，沥干水分。

③ 苹果、梨和胡萝卜分别洗净去皮，切成筷子粗的小条。

④ 取一保鲜盒，装入鱿鱼圈、苹果条、梨条和胡萝卜条。

⑤ 倒入山椒盐水，盖上盖子，浸泡4小时至入味。

⑥ 捞出装盘，上桌食用即成。

藤椒炝鳝丝

鳝丝香嫩，芹丝爽脆，味香微辣。

制作时间
25 分钟

难易度
★★

用料

鳝丝	250克
西芹	100克
红尖椒丝	50克
葱丝	10克
蒜末	1小勺
干淀粉、料酒	各1大勺
鲜花椒	4小勺
盐	1小勺
藤椒油	3大勺

做法

① 将鳝丝洗净，加入1/3小勺盐和干淀粉抓拌均匀，下入加有料酒的沸水锅内汆至断生，捞出放入温水中浸泡，再次捞出沥干。

② 西芹洗净，去筋络，切成约5厘米长的丝，汆烫后沥干水。

③ 锅置火上，倒入藤椒油烧热，下入红尖椒丝、葱丝、蒜末和鲜花椒爆香。

④ 将锅内食材倒入小盆内，加入鳝丝、西芹丝和剩余盐拌匀，盖上盖子至冷却后装盘上桌即成。

贴心提示

· 将鳝丝先上浆再汆水，可使肉质滑嫩。

碧波麻香鱼

颜色诱人，鱼肉滑嫩，葱味浓郁。

制作时间
25 分钟

难易度
★★

用料

鲜鳜鱼	1个
小青葱	150克
蛋清	25克
干细淀粉	2小勺
料酒	1大勺
鲜花椒	2小勺
盐	1小勺
色拉油	1小勺

做法

① 将鲜鳜鱼刮鳞抠鳃，剖腹去除内脏，洗净血污，剁下头尾。

② 鱼身去骨，取净肉切成约0.3厘米厚的大片，加入料酒、2/3小勺盐、蛋清和干细淀粉抓匀上浆。小青葱洗净，切成鱼眼粒。

③ 汤锅置旺火上，倒入清水煮沸，逐一下入鱼片氽熟。

④ 捞出鱼片，沥干汤汁，堆在蒸好的头尾中间。

⑤ 取少量鱼汤，加入剩余盐调味，淋在鱼片和头尾上。

⑥ 净锅重置火上，倒入色拉油烧热，先下入鲜花椒炒香，再下入小青葱粒爆香，连油泼在鱼片和头尾上即成。

奶汤锅子鱼

汤白甘滑，味道鲜美，营养丰富。

制作时间
42分钟

难易度
★★

用料

鲜鲤鱼	1尾
火腿肠	50克
水发香菇、玉兰片	各50克
香菜段	10克
葱段、姜片	各5克
料酒	1大勺
盐	1小勺
白胡椒粉	半小勺
奶汤	3杯
色拉油	3大勺
姜醋汁	1小碟

做法

① 将鲜鲤鱼刮去鱼鳞，挖掉鱼鳃，抽去鱼线，剖腹开膛后取出内脏，用水冲洗干净。切下鱼头，鱼身沿脊骨切成两半，每一半均用斜刀切成瓦块状。

② 火腿肠、水发香菇、玉兰片分别切成长方片。

③ 炒锅内倒入色拉油烧至七成热，放入鱼头和切好的鱼块，煎炸至鱼肉呈金黄色。

④ 加入料酒、葱段和姜片，翻炒均匀后倒入奶汤，大火煮沸。

⑤ 再加入切好的香菇片、火腿片和玉兰片，调入盐，大火炖煮5分钟。

⑥ 将炖煮好的鱼汤全部倒入火锅内，端上桌继续炖煮。此菜最好使用紫铜火锅，若为家常食用，使用一般的火锅也可。

⑦ 吃时加入白胡椒粉和香菜段，鱼肉蘸姜醋汁食用即成。

开屏武昌鱼

制作时间 30分钟

难易度 ★★

形似孔雀开屏，鱼肉细嫩，味道鲜香。

用料

武昌鱼	1尾
生抽	1大勺
蒸鱼豉油	1大勺
料酒	1/2大勺
葱姜汁	1小勺
盐	1/2小勺
色拉油	2大勺

做法

① 将武昌鱼宰杀、处理干净，揩干水，从脊背处下刀切成约1厘米厚的片，腹部相连。

② 抹匀料酒、盐和葱姜汁，腌制5分钟。

③ 将腌制入味的武昌鱼错开刀口呈开屏状摆入盘中，放入蒸锅中用旺火蒸8分钟至刚熟后取出。

④ 淋上生抽和蒸鱼豉油，再浇上烧热的色拉油即成。

贴心提示

· 要选用新鲜的武昌鱼，冷冻后的武昌鱼不宜做此菜。做此菜刀工处理要精细，装盘要美观，才能凸显成菜的大气。

双椒鲢鱼

鱼片烫嫩，鲜香麻辣。

制作时间 45分钟

难易度 ★★★

用料

鲢鱼	1尾
青小米辣	50克
红小米辣	50克
猪肥肉片	10克
姜片	5克
葱节	5克
蛋清	1个
鲜花椒	2大勺
干淀粉	1大勺
料酒	2小勺
盐	1小勺
胡椒粉	1/3小勺
色拉油	1/3杯

做法

① 将鲢鱼宰杀处理干净，剁下头尾，鱼身剔除鱼骨。将鱼头、鱼尾和鱼骨均放入沸水中汆烫。

② 取净鱼肉切成约0.3厘米厚的片，放入小盆内，加入1/3小勺盐、料酒、蛋清和干淀粉拌匀上浆。

③ 青小米辣、红小米辣分别洗净，切小圈。

④ 炒锅置火上，倒入1大勺色拉油烧热，爆香姜片和葱节，加清水，下入汆好的鱼头、鱼尾、鱼骨和猪肥肉片。

⑤ 煮沸至汤白时调入剩余盐和胡椒粉，续煮2分钟，拣出猪肥肉片。

⑥ 鱼骨捞入汤盆内垫底，接着将鱼片下入汤中煮熟。将鱼片连同汤汁一起倒入汤盆内。

⑦ 迅速将炒锅洗净，重置火上，倒入剩余色拉油烧热，下入鲜花椒炒香，再下入小米辣圈炒出香味。

⑧ 起锅连油浇在鱼片上即成。

贴心提示

· 鱼片上浆不能过厚且需静置片刻，否则鱼片下入汤中后会脱浆，使汤汁黏稠不清爽。

· 炖汤时加入少许猪肥肉片，既可去除鱼腥味，又可以使汤汁更白。

· 炒鲜花椒和小米辣时要按顺序下锅，这样成菜口味才有层次感。

酸汤鱼

汤汁红亮，
鱼肉滑嫩，
酸辣够劲，
十分开胃。

制作时间
45分钟

难易度
★★★

用料

鲜草鱼	1尾
酸番茄	200克
葱花	1小勺
香菜末	2小勺
红剁椒	100克
木姜子	5克
米酒	2小勺
盐	1小勺
姜汁	1/3小勺
葱油	3大勺
酸米汤	500毫升

做法

① 鲜草鱼宰杀治净，切成约2厘米厚的块，用米酒、姜汁和盐拌匀，腌制15分钟。

② 将红剁椒、酸番茄和酸米汤放入料理机内打碎成汁，制成红酸汤。

③ 锅置火上，倒入葱油烧热，下入木姜子炸至开花。

④ 倒入打好的红酸汤煮沸，用漏勺捞出料渣弃去。

⑤ 放入鱼块炖熟。

⑥ 倒入汤盆内，撒葱花和香菜末即成。

赛螃蟹

入口滑嫩，
咸鲜微酸，
胜似螃蟹。

制作时间 30分钟

难易度 ★★

用料

黄花鱼肉	200克
鸡蛋	4个
姜末	2小勺
醋	3大勺
鲜牛奶	2/5杯
干淀粉	1小勺
白糖、盐	各1小勺
料酒	1小勺
胡椒粉	1/5小勺
香油	1/2小勺
色拉油	3大勺

做法

① 黄花鱼肉切成约1厘米见方的丁放入碗内，加入1/3小勺盐、料酒和干淀粉拌匀，再加入2小勺色拉油拌匀。

② 鸡蛋蛋黄和蛋清分别打入碗内，各加入1/5小勺盐搅匀。

③ 蛋清中加入鲜牛奶搅匀。

④ 另取一碗放入姜末，加入醋、香油、胡椒粉、白糖和剩余盐，调匀成姜醋汁。

⑤ 锅置火上，倒入剩余色拉油烧热，放入黄花鱼肉丁炒散至变色。

⑥ 倒入蛋黄和蛋清，转小火，慢慢推炒至凝固。

⑦ 转大火，烹姜醋汁，炒匀出锅装盘即成。

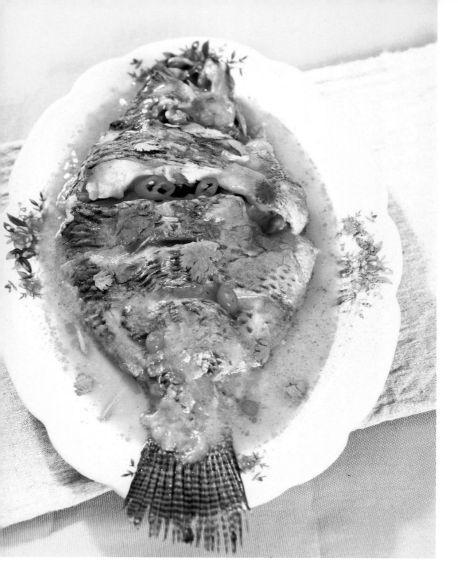

咖喱椰汁鱼

色泽黄亮，咖喱味浓，咸香回甜。

制作时间
30分钟

难易度
★★

用料

罗非鱼	1尾
洋葱块	10克
香菜段	5克
生姜	3片
咖喱酱	2大勺
椰汁、色拉油	各1/2杯
料酒	1大勺
葱姜汁、盐	各1小勺
胡椒粉、白糖	各1小勺

做法

① 将罗非鱼宰杀处理干净，在鱼身两侧划上深至鱼骨的一字花刀，抹匀1/2小勺盐、料酒、葱姜汁和胡椒粉，腌制10分钟。

② 将腌制好的鱼投入烧至六七成热的色拉油锅内，炸至表皮发硬，捞出沥干油。

③ 炒锅随底油重置火位烧热，爆香姜片和洋葱块，下入咖喱酱炒香。

④ 倒入适量开水和椰汁。

⑤ 煮沸后放入炸好的罗非鱼，加入剩余盐和白糖调好口味。

⑥ 盖上锅盖，焖烧入味至汤汁黏稠时铲出装盘，在鱼身上撒香菜段即成。

洋葱煎龙利鱼

鱼肉鲜嫩，西式风味。

制作时间
20分钟

难易度
★★

用料

用料	
龙利鱼肉	500克
洋葱	150克
茴香碎	1小勺
生抽	3大勺
料酒	3大勺
盐	1/2小勺
黑胡椒	1/2小勺
色拉油	3大勺

做法

① 将龙利鱼肉表面揩干，切成四等份。洋葱去皮，切丝。生抽和料酒放入小碗内，调匀成味汁。

② 平底锅置火上烧热，涂匀一层色拉油，摆入龙利鱼肉块，撒上盐。

③ 待鱼肉底面煎至金黄时翻转，加入洋葱丝同煎至熟。

④ 倒入调好的味汁，盖上锅盖焖半分钟。出锅装盘，撒上黑胡椒和茴香碎即成。

贴心提示

· 煎制时，不要翻动过勤，以免鱼肉散碎。加入洋葱丝后要将其与鱼肉块稍微拌炒一下。

葱油多宝鱼

肉质细嫩爽滑，味道清香诱人。

制作时间
40分钟

难易度
★★

用料

多宝鱼	1尾
小葱	30克
生姜	15克
生抽	2小勺
盐	1小勺
胡椒粉	1/5小勺
花生油	2大勺

做法

① 从多宝鱼的鱼鳃处切一刀，掏出内脏和鱼鳃，洗净血污，沥干水，放入大鱼盘中，用3/5小勺盐抹匀鱼身两面，腌制10分钟。

② 小葱择洗干净，葱叶切碎花，葱白切段；生姜切片，再取一半的姜片切丝。

③ 将姜片塞入鱼鳃和鱼腹内，葱段放在鱼身表面。

④ 撒上剩余盐和胡椒粉，淋上2小勺花生油，放入蒸锅中用旺火蒸12分钟。

⑤ 将蒸好的鱼取出，拣去葱段，再将姜丝和葱花放在鱼身表面。

⑥ 将蒸鱼的汤汁滗入小碗内，加入生抽调匀成味汁。

⑦ 锅置火上，倒入剩余花生油烧至极热，淋在鱼上。

⑧ 最后倒上调好的味汁即成。

贴心提示

· 姜片和葱段起去腥作用，蒸制鱼时必须放上。

· 蒸制前淋上的花生油如改用化猪油，味道会更加鲜香肥美。

家常烧小黄花

肉质软嫩，鲜香味浓。

制作时间
20 分钟

难易度
★★

用料

小黄花	5条
盐	1/2小勺
料酒、生抽	各2勺
干淀粉	30克
葱、姜、蒜片	各15克
料酒、醋	各1勺
糖、鸡精	各1/4小勺
油	适量
香菜	5克

做法

① 小黄花去鳃、肠、鳞后清洗干净，放上葱、姜片各10克和料酒，撒盐腌渍15分钟。

② 将锅烧至足够热，加入2勺色拉油，滑锅后，放入裹了一层干淀粉的小黄花，中小火煎至两面金黄。

③ 撒入剩下的葱姜片和蒜片。

④ 烹入料酒、生抽、醋，加糖和鸡精，倒入刚刚没过鱼的水，盖上锅盖。

⑤ 中小火将汤汁收至浓稠。

⑥ 盛出，放香菜加以点缀即可。

干煎带鱼

鱼肉鲜嫩，西式风味。

制作时间 25分钟　　难易度 ★★

用料

新鲜带鱼	1条
盐	3/4小勺
胡椒粉	0.5克
料酒	2大勺
葱姜片	15克
淀粉	20克
姜丝、红椒丝	各8克
色拉油	1大勺

做法

① 将刀鱼去头和内脏，洗净切段，备用。

② 在鱼段上切梳子花刀，加入盐、胡椒粉、1大勺料酒和葱姜片，腌渍15分钟。

③ 锅子烧热后加入色拉油，将带鱼段裹干淀粉，下锅煎制。

④ 煎至能推动后翻面，至两面金黄，烹入剩下的料酒，盖锅盖，稍微焖一下，收干水分，盛出摆盘。

⑤ 留底油，将姜丝和红椒丝煸香，点缀在刀鱼上即可。

芙蓉花蟹

色形美观，味道咸鲜，口感滑嫩。

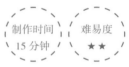

制作时间
15分钟

难易度
★★

用料

鸡蛋	3个
花蟹	1只
芥蓝茎	2根
鲜牛奶	1杯
盐	2/3小勺
白胡椒粉	1/5小勺
水淀粉	1大勺
鲜汤	2/3杯

做法

① 将花蟹洗净，蒸熟，取出后掰下蟹壳，剔出蟹肉和蟹黄。

② 芥蓝茎洗净，横切成小片，放入沸水中余烫一下。

③ 鸡蛋打入盘中搅散，加入鲜牛奶和1/3小勺盐调匀。

④ 放入蒸锅用小火蒸10分钟至熟后取出，将蟹壳扣在鸡蛋羹上。

⑤ 在蒸制的同时，将鲜汤倒入锅内煮沸，加入剩余盐和白胡椒粉调味，放入芥蓝片、蟹肉和蟹黄，再用水淀粉勾芡推匀，制成味汁。

⑥ 将味汁淋在鸡蛋羹上即成。

贴心提示

· 剔出蟹肉和蟹黄时要注意保证蟹壳的完整。

腐乳肉蟹

色红油亮，蟹肉香浓。

制作时间 15 分钟

难易度 ★★

用料

用料	
螃蟹	2只
红腐乳	40克
熟咸蛋黄	3个
蒜片	1小勺
葱节	1小勺
干淀粉、水淀粉	各2/3大勺
料酒	1小勺
香油	1小勺
色拉油	1杯

做法

① 将螃蟹宰杀后处理干净，剁下两只蟹钳拍破。

② 再将蟹身剁块，拍匀干淀粉，下入烧至六七成热的色拉油锅内炸熟，捞出沥干油分。

③ 熟咸蛋黄压碎；红腐乳连汁搅成糊状。

④ 炒锅内留适量底油，重置火上，下入蒜片和葱节爆香，再下入熟咸蛋黄碎炒至出油。

⑤ 倒入料酒、红腐乳糊和1大勺清水，放入蟹块，翻炒。

⑥ 待炒匀入味，用水淀粉勾薄芡，淋香油，出锅装盘即成。

清蒸梭子蟹

原汁原味，鲜美可口。

制作时间
20 分钟

难易度
★

用料

用料	
梭子蟹	4只
香醋	3勺
味极鲜	2勺
鸡精	1/4小勺
香油	3克
姜末	20克

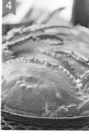

做法

① 螃蟹用小刷子清洗干净。

② 剪掉皮筋，将螃蟹脐部朝上，冷水上屉，盖上锅盖，开锅后蒸约15分钟。

③ 用香醋、味极鲜、鸡精、香油、姜末，调好姜醋汁。

④ 蒸好的螃蟹配姜醋汁食用即可。

贴心提示

· 螃蟹一定要选用鲜活的，死蟹不能吃。

· 螃蟹蒸熟后开盖，要去掉蟹心、蟹鳃、蟹胃和蟹肠。

· 螃蟹性寒，姜醋汁驱寒，食蟹必不可少。

麻辣沸腾虾

虾肉脆嫩，麻辣香浓。

制作时间
25 分钟

难易度
★★

用料

基围虾	250克
黄豆芽	200克
黄瓜、芹菜	各100克
小葱	15克
蛋清	1个
干辣椒	75克
鲜花椒	30克
干淀粉	1大勺
料酒	2小勺
盐	3/2小勺
色拉油	4大勺

做法

① 基围虾去头、壳，挑去泥肠，洗净；黄豆芽汆烫，去除豆皮。

② 黄瓜切成小指粗的条，加入1/2小勺盐腌制5分钟，沥干水分；芹菜去净筋络，切成小节；小葱择洗干净，切成约1厘米长的小节；干辣椒切短节。

③ 将基围虾仁放入碗内，加入1/2小勺盐、料酒、蛋清和干淀粉拌匀上浆。

④ 锅置火上，放入1大勺色拉油烧至六成热，下入黄豆芽、黄瓜条和芹菜节炒熟，调入剩余的盐炒匀，盛入盘中垫底。

⑤ 锅内倒入清水置火上煮沸，分散下入浆好的虾仁，熄火后盖上锅盖，汆烫至八成熟，捞出沥干水分，放入盘中。

⑥ 虾仁上放上小葱节，再将干辣椒节和花椒用剩余色拉油爆香，浇在盘中原料上即成。

芦笋培根虾卷

造型美观，脆嫩味鲜。

制作时间
45分钟

难易度
★★

用料

大虾	6只
培根	6片
芦笋尖	6根
大蒜	15克
奶酪	2片
盐	1/3小勺
料酒	1小勺
黑胡椒碎	1/5小勺

做法

① 大虾去除头和外壳，留尾，片开脊背挑净泥肠，洗净后沥干水分。

② 芦笋洗净切成段；大蒜压成细蓉；奶酪片切成条。

③ 大虾放入盆内，加入盐、料酒和蒜蓉拌匀，腌制20分钟。

④ 将培根片平铺在砧板上，依次摆放上腌制入味的大虾、芦笋段和奶酪条。

⑤ 将培根片紧紧卷起，并用牙签固定住，在表面均匀地撒上黑胡椒碎。

⑥ 放入铺有锡箔纸的烤盘中，放入预热到200℃的烤箱内烤12~15分钟即可。

虾仁菠菜烙

黄绿分明，咸香可口。

制作时间
25 分钟

难易度
★★

用料

菠菜	250克
鲜虾仁	50克
鸡蛋液	1/2杯
面粉	1大勺
干淀粉	1大勺
盐	1小勺
胡椒粉	1/3小勺
色拉油	4大勺

做法

① 菠菜择洗干净，沥干水分，放入沸水锅内氽一下，捞出过凉，挤干水分，切成约8厘米长的段。

② 鲜虾仁挑去泥肠，洗净，切成小丁。

③ 菠菜段和虾仁丁放在一起，加入1/4杯鸡蛋液、盐、胡椒粉、面粉和干淀粉拌匀。

④ 平底锅置火上烤热，舀入色拉油布匀锅底，倒入调好的菠菜虾仁糊，摊成约1.5厘米厚的饼。

⑤ 以小火煎至两面定型后，再淋上剩余的鸡蛋液。

⑥ 煎至表面金黄酥香时将菠菜烙铲出，改刀切块，装盘即成。

鲜虾白菜

营养丰富，口味鲜美。

制作时间 20分钟

难易度 ★ ★

用料

鲜对虾	6只
大白菜	200克
盐	1/2小勺
香油	1/2小勺
色拉油	2大勺

做法

① 鲜对虾剪去虾枪。

② 将虾内虾线剔除。

③ 白菜叶与白菜帮分别处理，均切成块。

④ 锅热后入色拉油，放入鲜虾炒制，煸炒时用炒勺轻轻敲击虾头，使虾脑内的红油继续析出。

⑤ 煸好的鲜虾推至锅边，虾油置于锅底，放入白菜帮煸炒。

⑥ 白菜帮变软后再将白菜叶放入锅中同时煸炒，并加入盐调味，出锅时淋入少许香油即可。

贴心提示

· 鲜虾白菜所使用的白菜最好选择京白菜，口感爽脆。

 下厨妙招

· 鲜活虾胶质多，虾皮比较难剥。可先在活虾身上洒些水，再盖上湿布捂一会儿，将虾闷死，则易于剥壳。

· 虾仁去腥味：虾仁加料酒、姜、葱浸泡腌制后可去腥味。此外，虾仁放入加了1根肉桂的沸水中煮熟后再烹调，既可去腥又能增鲜。

辣炒花蛤

花蛤肉质细嫩，味道鲜美。

扫码看视频

制作时间
8分钟

难易度
★

用料

花蛤	500克
香菜	100克

色拉油、酱油、白糖、葱姜蒜末、干红椒、香油各适量

贴心提示

· 蛤蜊类生长于滩涂中，壳内有很多泥沙，因此最好提前一天用水浸泡，使蛤蜊吐净泥沙。吐沙后还要多洗几遍，确保没有残留的沙子，再用于烹制。

做法

① 花蛤吐净泥沙后洗净，控干水。

② 香菜择洗干净，切成段。

③ 净锅置火上，倒入色拉油烧热，下葱姜蒜末、干红椒炒香。

④ 炒锅内烹入酱油，下入花蛤翻炒至张口。

⑤ 下入香菜，调入白糖，迅速翻炒均匀，淋香油即可。